Gilberto Ledesma

Análise química volumétrica de águas naturais

Gilberto Ledesma

Análise química volumétrica de águas naturais

Superfície e subsolo

ScienciaScripts

Imprint

Cover image: www.ingimage.com

This book is a translation from the original published under ISBN 978-613-9-43676-7.

Publisher:
Sciencia Scripts
is a trademark of
Dodo Books Indian Ocean Ltd. and OmniScriptum S.R.L publishing group

120 High Road, East Finchley, London, N2 9ED, United Kingdom
Str. Armeneasca 28/1, office 1, Chisinau MD-2012, Republic of Moldova, Europe
Printed at: see last page
ISBN: 978-620-8-19355-3

Conteúdo

Com uma dedicação especial à minha família por estar sempre aqui, por estar presente, por ser uma equipa geradora de ideias: Aos meus pais Gilberto e Elena, à minha irmã Sandra e à minha querida sobrinha Karol Milena".

"Ao meu companheiro Genessis por fazer parte deste pequeno universo que formámos".

"Aos meus amigos exploradores, pelos quilómetros e anos de vida percorridos acima e abaixo da superfície .... sempre com um grande desejo de compreender este mundo que nos rodeia... "

PRÓLOGO

Atualmente, a questão da água é algo que não deveria ter preço. É um recurso natural que, pouco a pouco, está a gerar vários problemas, porque cada vez é mais complicado ter acesso a ele. O problema da água é real e está aí, todos os dias os níveis dos lagos, riachos e nascentes estão a diminuir devido a milhares de factores. A questão da água deve ser sempre uma prioridade, abusamos dela sem nos apercebermos e pode chegar o momento em que este recurso vital para o desenvolvimento humano será cada vez mais difícil de chegar às nossas casas.

O conhecimento e a distribuição da água são fundamentais, se não conhecermos os seus princípios e leis, dificilmente a poderemos compreender, quanto mais tentar cuidar dela. Atualmente, precisamos que cada vez mais pessoas se interessem por este recurso cada vez mais escasso. Precisamos de uma política que nos ensine que a dualidade água-homem-ambiente é tão vital como a própria água.

Apresento este manual básico de análise da água natural como um contributo para um futuro incerto, para um futuro pouco claro onde a compreensão do que acontece à água será um fator estratégico para as populações. É um manual que nos permite abordar a compreensão e as propriedades da água natural, tal como a encontramos no nosso ambiente . Não é um manual para a água

e resíduos tratados . Trata-se de um manual que compila as

As técnicas técnicas e os princípios de base da análise da

documentos e escritos tradicionais da Qrnmica

A volumetria na sua expressão máxima e do ponto de vista da micro-escala, como recurso analítico simples, barato e preciso. A volumetria na sua expressão máxima e do ponto de vista da micro-escala, como um recurso analítico simples, barato e preciso. Um manual para alcançar aos lugares mais remotos e inexplorados para recolher uma amostra de água e, se possível, realizar uma série de testes in situ que nos permitirão conhecer as propriedades mais importantes da água e planear e analisar acções para a melhoria, o cuidado, a proteção e, possivelmente, a distribuição do líquido vital.

É a ideia central deste pequeno manual; levar esta metodologia de qrnmics anaHtemática às pessoas interessadas no tema da água, desde qrnmics, hidrólogos, engenheiros do ambiente, exploradores e todos aqueles que necessitem de dados sobre a água, para a sua classificação e que através dos novos programas de hidroqrnmics existentes, tenhamos à mão o contexto dessa água natural, superficial e subterrânea, que poderá ser no futuro imediato, fundamental para simplesmente... ...a nossa existência.

Gilberto Ledesma Ledesma

CAPÍTULO 1

A água e o seu ciclo hidrológico.

Recursos hídricos da terra.

A Terra é o único planeta do sistema solar com quase 71% da sua superfície coberta de água. Os volumes de água na Terra são grandes. [636] [3]Estima-se que só os oceanos e os mares contenham 1360 x 10 km e que 29 x 10 km estejam confinados nas calotes polares. No seu conjunto, estas massas de água representam cerca de 97% dos recursos hídricos mundiais. Infelizmente, nenhum destes volumes está imediatamente disponível para fornecer água, a água do mar porque tem quase 35 gramas de sal por litro e o gelo polar devido ao seu afastamento das regiões habitáveis do planeta.

[53]Restam como águas úteis da terra os " 7 x 10 km de água doce nos lagos e cursos de água, nos solos permeáveis e na atmosfera; um pouco menos de 3% está na atmosfera, proveniente da evaporação da água doce e salgada, sendo o restante repartido entre a superfície e o subsolo. [4343] [43]No entanto, estas porções da hidrosfera não são estáticas, a água circula: 50 x 10 km precipitam-se anualmente do céu sob a forma de chuva ou neve nos continentes e nas ilhas, cerca de um quarto; o restante cai nos oceanos; 375 x 10 km escoam da superfície terrestre: e o subsolo produz 1,67 x 10 km de água mais ou menos segura. O quadro 1.1 mostra a distribuição desigual da água na Terra.

Local	%
Oceanos Calotas polares, icebergues,	97.39
glaciares Humidade do solo Lagos e	2.01
rios Atmosfera	0.58 0.02 0.001

Quadro 1.1 Distribuição percentual das águas terrestres.

Águas interiores.

A Tabela 1.1 mostra que cerca de 2,6% da água do mundo é água não salina ou "doce" e, desta, apenas 10% se encontra em lagos, rios e subsolo; este valor indica a água disponível nos continentes. A água doce é, portanto, um recurso extremamente escasso. A água doce provém de duas fontes: as águas superficiais provenientes da precipitação que não se infiltram no solo e as águas que se infiltraram. A água de superfície é captada e transportada através das bacias hidrográficas para as massas de água de superfície. A água subterrânea ocupa os poros do subsolo, dando origem a uma zona de saturação, sob a qual deve existir uma camada de rocha impermeável.

O ciclo da água.

Uma bacia hidrográfica é constituída por todas as terras drenadas por um curso de água principal e pelos seus afluentes, de modo a que a água que chega à área de drenagem sob a forma de precipitação e não é devolvida à atmosfera por evaporação e transpiração ou não escapa do subsolo para as bacias vizinhas ou para o oceano acabe por ser filtrada, por vias superficiais e subsuperficiais, através da secção de saída do curso de água principal da bacia.

As precipitações que caem sobre os terrenos da bacia são a fonte de renovação dos seus recursos hídricos. A nível universal, os fenómenos de precipitação ocorrem a todo o momento. Por outro lado, observa-se também que a quantidade de precipitação varia consideravelmente ao longo do tempo e de local para local, pelo que certas bacias são menos favorecidas do que outras.

Os recursos hídricos de todas as bacias hidrográficas fazem parte de um gigantesco sistema circulatório conhecido como "ciclo hidrológico". Embora este ciclo não tenha princípio nem fim, é comummente assumido que começa à superfície dos oceanos.

Ao sofrerem uma evaporação contínua, os oceanos fornecem vapor à atmosfera, parte do qual é transportado para grandes massas de ar e acaba por se precipitar sob a forma de chuva, granizo ou neve, ou por se condensar sob a forma de gelo ou geada nas zonas terrestres.

Esta água da chuva começa a fazer parte dos recursos de captação. A humidade evapora-se diretamente ou é depois utilizada pela vegetação e devolvida à atmosfera. Parte dela cai diretamente nos leitos dos cursos de água da bacia hidrográfica, enquanto outra parte atinge a superfície terrestre.

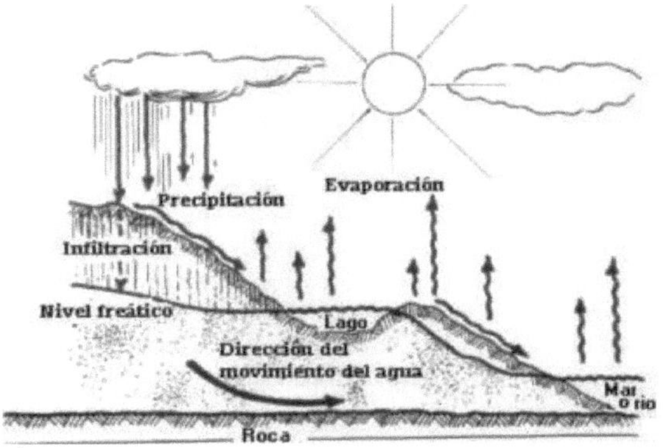

Figura 1.1 O ciclo da água.

Ao atingir a superfície do solo, apenas uma parte da precipitação se infiltra e outra parte dependerá da diferença entre a intensidade da precipitação e a capacidade de infiltração do solo.

De toda a água que se infiltra, uma parte é retida por forças de atração molecular na chamada camada de solo da zona de arejamento, para satisfazer a deficiência de humidade, em relação à capacidade de campo, produzida durante o período seco pelos fenómenos de evaporação e transpiração; se a água infiltrada fosse suficiente, outra parte escoaria para baixo, o que poderia levar a um aumento do armazenamento subterrâneo de água. Na zona de saturação (zona freática, onde os interstícios das rochas estão totalmente ocupados pela água), a água desloca-se lentamente, por ação da gravidade, em direção a pontos e zonas de descarga naturais ou artificiais. Esta descarga pode ocorrer ao fim de alguns dias, meses ou mesmo períodos mais longos.

A descarga natural dos aquíferos pode ocorrer por meio de nascentes e por infiltração ao longo dos leitos dos rios; ou pode ocorrer por evaporação e transpiração, quando o lençol freático está muito próximo da superfície; parte da água é descarregada no subsolo para o oceano.

A precipitação, a percolação, o escoamento superficial e a evaporação são fases do ciclo da água (Fig. 1.1).

Da água que chega à terra, uma parte cai diretamente sobre a terra, outra parte cai diretamente sobre as superfícies aquáticas: outra parte corre sobre a terra e atravessa riachos e rios, lagoas, lagos e reservatórios ou mares e oceanos; outra parte regressa imediatamente à atmosfera por evaporação e transpiração da vegetação e outra parte afunda-se no solo.

Parte da água que penetra na crosta terrestre é retida perto da superfície, de onde se evapora diretamente, e outra parte é absorvida pela vegetação, para ser devolvida à atmosfera por transpiração. O restante da água infiltrada escoa para baixo por gravidade, até atingir o lençol freático, para se juntar ao reservatório subterrâneo dentro da crosta terrestre. A maior parte das águas subterrâneas é descarregada para a superfície do solo através de nascentes e transmogrifica-se, ou passa, quer no nível do lençol freático, quer abaixo dele, para cursos de água ou massas de água permanentes, incluindo os oceanos.

A água que corre nos ribeiros e rios provém, apenas em pequena medida, da precipitação direta e, na sua maioria, da água da chuva que escorre da superfície do solo e, em quantidades mais uniformes, do escoamento em tempo seco resultante do abaixamento dos níveis de água em lagos, lagoas e reservatórios, bem como da transmigração de águas subterrâneas.

A evaporação e a precipitação são as principais forças motrizes do ciclo da água. A radiação solar é a fonte de energia necessária. O escoamento e a percolação movem o palco para a evaporação ao longo da superfície terrestre; a circulação atmosférica para a condensação e a precipitação.

Fontes naturais de água.

As fontes comuns de água doce são:

1 Água da chuva. A água da chuva absorve gases e vapores que se encontram normalmente na atmosfera. A chuva contém poeiras, gases dissolvidos e outras substâncias provenientes de actividades humanas. Os poluentes naturais podem ter origem na atividade vulcânica e na erosão eólica do solo. Podem encontrar-se sob a forma de vapor, de líquido suspenso nas nuvens ou cair sob a forma de chuva, granizo ou neve. É praticamente puro, caracterizado pela ausência de sais minerais, é macio, saturado de oxigénio, com um elevado teor de CO_2 e, por conseguinte, corrosivo.

2 As águas de nascente (Fig. 1.2) de rios e lagos, ainda não poluídas pelo homem, contêm entre 0,01% e 0,2% de substâncias inorgânicas sólidas e também sais dissolvidos, principalmente compostos de cálcio e magnésio, mas também, em menor grau, sódio, potássio, ferro e manganês. Os aniões mais frequentes são os carbonatos, os cloretos e os sulfatos.

Os rios podem transportar substâncias orgânicas flutuantes provenientes de plantas e animais. Estas águas podem, de facto, ser potáveis, desde que não contenham poluentes de origem industrial. Dependendo da qualidade do solo e do subsolo sob os rios, lagos e nas suas margens, a água pode infiltrar-se nas águas subterrâneas a diferentes níveis. Nestes casos, o material do solo e do subsolo actua como um filtro para a água. Existem nascentes e poços das chamadas águas minerais naturais. As águas minerais contêm sais dissolvidos em concentrações elevadas e CO_2 dissolvido. Em alguns casos, estas águas são termais e são quase sempre utilizadas para fins curativos.

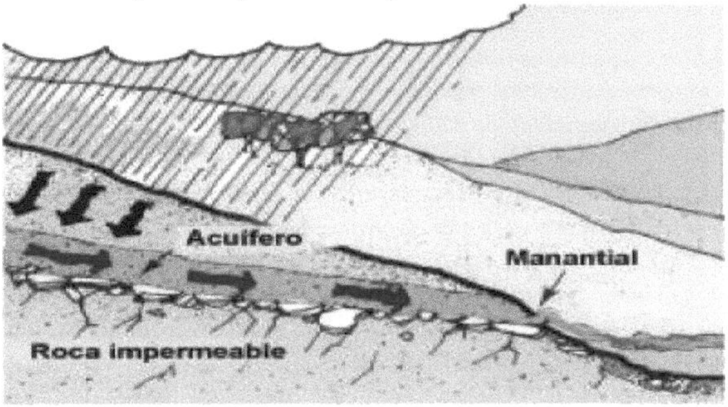

Fig. 1.2 As nascentes são fontes de água filtrada.

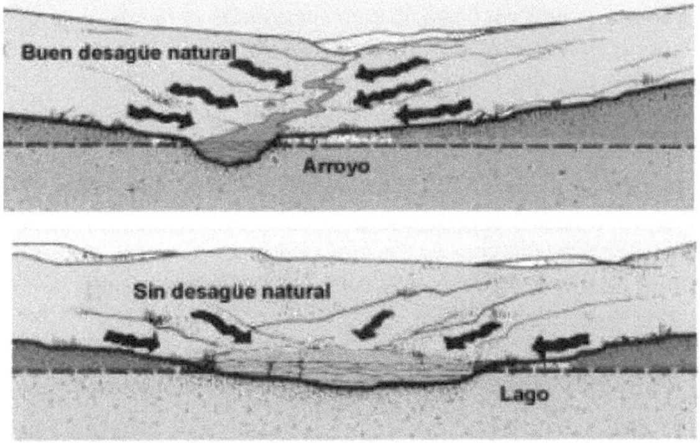

Fig. 1.3 Águas superficiais de cursos de água e lagos naturais

3 As águas superficiais (Fig. 1.3) são as das correntes naturais, como os rios e ribeiros; e em repouso relativo nos lagos, albufeiras, mares; e em estado sólido no gelo e na neve, onde se acumulam em grandes quantidades. Ao correrem à superfície, os cursos de água naturais estão sujeitos à

contaminação pelo homem e pelas suas actividades, tornando-os, em muitos casos, nocivos ou insalubres. A sua qualidade depende também do tipo de solo e de vegetação.

4 A água subterrânea, na maioria dos casos, tem origem na precipitação ou na infiltração de rios e lagos. A água subterrânea acumula-se em sedimentos porosos acima de camadas impermeáveis do subsolo. O seu lençol freático natural depende das condições geológicas, da precipitação e das condições climáticas. As actividades humanas, como a exploração mineira, a regulação dos rios e a captação de água, influenciam o nível das águas subterrâneas. As águas subterrâneas normalmente também fluem seguindo a força da gravidade. A sua velocidade depende das condições geológicas. Quando existem fissuras e grutas no subsolo, típicas de locais calcários, a velocidade do seu fluxo aumenta. A água subterrânea (Fig. 1.4) é uma importante fonte de água potável.

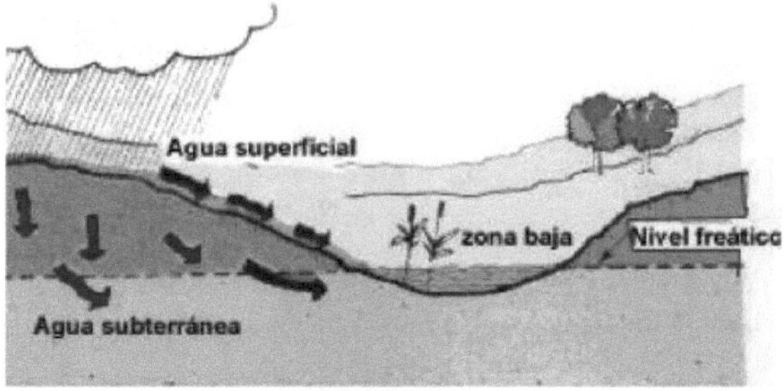

Fig. 1.4 Águas superficiais, águas subterrâneas e lençol freático.

Estas águas estão isentas de micróbios quando as camadas de solo e de sedimentos, através das quais foram filtradas, apresentam um efeito de filtração suficiente e quando a sua permanência no subsolo é de 50 a 60 dias.

É a água que penetra através das porosidades do solo por meio do processo de filtração. Existem dois tipos de água: a água subterrânea e a água artesiana. A água subterrânea é a água que está contida entre a superfície da terra e a primeira camada ou estrato impermeável; encontra-se num leito permeável onde se movimenta livremente e à pressão atmosférica; é constituída por duas zonas, uma superficial denominada zona de água vadosa e outra que se prolonga até ao estrato impermeável, denominada zona de saturação. A água artesiana é a água que está contida entre dois estratos impermeáveis, não se move e tem uma pressão diferente da pressão atmosférica. Esta água subterrânea pode vir à superfície para formar nascentes ou alimentar cursos de água ou lagos. Ao atravessar as diferentes camadas do solo, entra em contacto com substâncias orgânicas e inorgânicas, algumas das quais são muito solúveis. A decomposição da matéria orgânica produz nitratos ou nitritos. Têm um baixo teor de oxigénio dissolvido e um elevado teor de CO_2, que dissolve o ferro e o manganês, substâncias caraterísticas destas águas. Do ponto de vista bacteriológico, são inofensivas se não tiverem sido recarregadas com água poluída.

5 A água do mar contém cerca de 3,5% de sais dissolvidos: no Oceano Atlântico, 3,49%; no Oceano Pacífico, 3,46%; e no Oceano Ártico, 3,1%. Em média, 3% destes sais são cloreto de sódio (NaCl) e os restantes são sais de cerca de 50 iões diferentes. Para todos os seres vivos terrestres, plantas, animais e seres humanos, esta água está "envenenada". Para que seja potável, é necessário um sistema especial de dessalinização.

A água salobra nas costas perto da foz dos rios, embora tenha um teor de sal dissolvido entre 0,1% e 2,5%, também não é adequada como fonte de água potável sem um processo de dessalinização.

CAPÍTULO 2

A água e a sua interação com materiais sólidos.

Existem substâncias sólidas que são facilmente solúveis em água e outras que são pouco solúveis ou mesmo insolúveis em água. Estas propriedades são determinadas, por um lado, pela substância sólida, devido às suas propriedades físicas e químicas, e, por outro lado, pelas propriedades da água. Devido a estas propriedades de solubilidade das diferentes substâncias sólidas na natureza. O ciclo da água transportou muitos sais dos continentes para os oceanos, formando água salgada, enquanto na maioria das nascentes, ribeiros, rios e lagos dos continentes a água é "doce", embora contenha sais dissolvidos, mas em baixas concentrações.

Os sólidos naturais que normalmente consideramos insolúveis, como as rochas, não são de todo insolúveis. A razão para tal reside no equilíbrio químico entre a substância sólida em contacto com a água. São analisados três casos: 1.- Dissolução do CaSO4. Uma medida para avaliar a solubilidade de uma substância em água é o chamado produto de solubilidade. Este é o produto das concentrações iónicas de uma substância na sua solução saturada. No caso do gesso (CaSO4), a água não participa quimicamente no equilíbrio, actuando apenas como solvente. A reação de equilíbrio é apresentada como:

$$CaSO_{4(sólido)} \leftrightarrow Ca^{+2}_{(disuelto)} + SO_4^{-2}{}_{(disuelto)}$$

Nesta reação, estão presentes duas fases: CaSO4 na fase sólida e iões de cálcio e sulfato na fase líquida. Se aplicarmos a lei da ação das massas a este equilíbrio, podemos incluir a concentração constante do sólido na constante de equilíbrio e temos

$$Kps = [Ca^{+2}]\,[SO_4^{-2}]$$

A constante Kps é designada por produto de solubilidade, e estes produtos de solubilidade já estão determinados para muitas substâncias. Como se pode ver na reação de dissociação do sulfato de cálcio, formam-se dois iões com concentrações iguais. [22]As unidades de Kps são mol /L . Assim, se o produto de solubilidade a uma dada temperatura for conhecido, a raiz quadrada deve ser tomada para encontrar a concentração de CaSO4 na forma dissociada. [-522]Se o produto de solubilidade do sulfato de cálcio é 6,1 x10 mol /L . Então, podemos calcular a solubilidade do gesso em 100 mL de água, por exemplo:

$$6.1 \times 10^{-5} = [Ca^{+2}]\,[SO_4^{-2}] = s \times s = s^2$$

$$s = \sqrt{6.1 \times 10^{-5}} = 7.8 \times 10^{-3} mol/L$$

Esta é a concentração de CaSO4 numa solução saturada. [-3]Para converter de moles para gramas, multiplicar pelo peso da fórmula do CaSO4 (136,08)(7,8 X 10) = 1,06 g por litro.

1,06 x 0,1 = 0,106 g / 100 mL de água

2.- Dissolução do carbonato de cálcio e de magnésio. Para esta dissolução de minerais carbonatados, que a maioria das rochas contém, a reação de equilíbrio:

$$CaCO_{3(sólido)} \leftrightarrow Ca^{+2}_{(disuelto)} + CO_3^{-2}{}_{(disuelto)}$$

Aqui formam-se aniões de carbonato, que fazem parte de uma série de outros equilíbrios:

$$CO_3^{-2} + H_3O^+ \leftrightarrow HCO_3^{-1} + H_2O$$

$$CO_2 + H_2O \leftrightarrow H_2CO_3$$

$$H_2CO_3 + H_2O \leftrightarrow H_3O^+ + HCO_3^{-1}$$

A partir desta série de balanços, verifica-se que tanto o pH como a presença de dióxido de carbono influenciam a solubilidade de um carbonato. Os catiões cálcio e magnésio provocam a chamada dureza da água.

3.- Dissolução dos silicatos e do SiO_2. O dióxido de silício encontra-se na natureza na maioria das rochas sob a forma de quartzo, mas existe também uma modificação amorfa. Ambas as modificações podem reagir com a água de acordo com a seguinte reação:

$$SiO_{2(sólido)} + 2\,H_2O \leftrightarrow Si(OH)_4$$

-4-5 As constantes de dissociação desta reação a uma temperatura de 25°C são: Kps = 1,99 x 10 e 1,99 x 10 respetivamente para o quartzo e o quartzo amorfo. Isto significa que a espécie amorfa é 10 vezes mais solúvel que o quartzo cristalino.

4O ácido orto-silícico Si(OH) é um ácido muito fraco:

$$Si(OH)_4 + H_2O \leftrightarrow Si(OH)_3O^{-1} + H_3O^+ \quad Kp = 3.16 \times 10^{-16}$$

$$Si(OH)_3O^{-1} + H_2O \leftrightarrow Si(OH)_2O^{-2} + H_3O^+ \quad Kp = 2.5 \times 10^{-13}$$

Como se pode observar a partir destes equilíbrios, a solubilidade do quartzo aumenta em condições alcalinas.

O processo de dissolução dos feldspatos é mais complexo. Esta classe de minerais são silicatos em que um quarto dos átomos de silício é substituído por átomos de alumínio e as cargas negativas resultantes são neutralizadas por catiões de elementos do primeiro ou segundo grupo da tabela periódica. Um destes feldspatos é a albite, um silicato de alumínio e sódio: $NaAlSi_3O_8$.

Para os feldspatos, a química da dissolução é muito complexa porque as reacções são muito lentas e não atingem o equilíbrio completo. As reacções envolvem geralmente a formação de compostos estáveis metaestáveis. Também como resultado da reação com a água, podem formar-se novas fases sólidas. A albite é um exemplo disso, em que o produto é a caulinite, um mineral argiloso. Todos os feldspatos são silicatos com uma estrutura tridimensional, mas quando alterados produzem compostos em solução e argilominerais como a caulinite, que são silicatos em folha. Nesta reação, os iões de hidrogénio atacam os iões na estrutura do feldspato e alguns dos iões libertados são incorporados num mineral de argila em desenvolvimento, enquanto outros entram em solução.

$$2\,NaAlSi_3O + 2\,H_3O^+ + 7\,H_2O \leftrightarrow 2\,Na^+ + 4\,Si(OH)_4 + Al_2Si_2O_5(OH)_4$$

Note-se que são necessárias condições ácidas para que a reação ocorra. ++Foi demonstrado que o CO_2 no ar, dissolvido em água (Fig. 2.1) forma iões hidrónio (H ou H3O). Por conseguinte, a reação será favorecida na presença de CO_2:

$$2\,NaAlSi_3O_{5(sólido)} + 2\,CO_{2(gas)} + 11\,H_2O \leftrightarrow 2\,Na^+ + 2\,HCO_3^{-1} + 4\,Si(OH)_4 + Al_2Si_2O_5(OH)_{4(sólido)}$$

Estes exemplos mostram como, na natureza, a água actua simultaneamente como solvente e reagente, de modo que, ao longo dos anos, participa na degradação das rochas, provocando a dissolução de minerais que serão uma parte essencial das águas naturais. É muito claro que a qualidade das águas naturais dependerá diretamente do contacto água-rocha e, portanto, da geologia da zona.

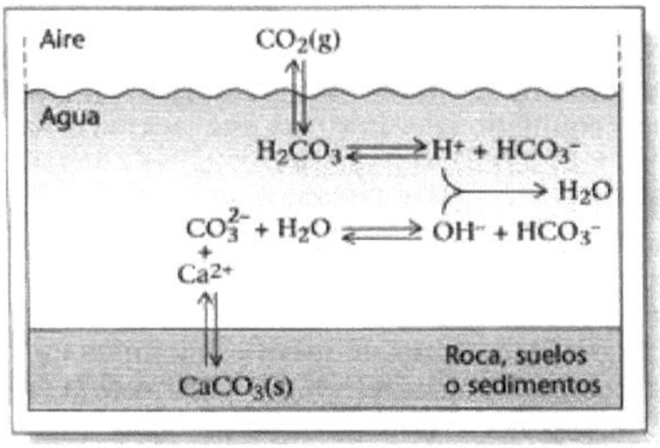

Fig. 2.1 O sistema carbonato, que consiste nos seus ácidos e bases conjugados; dióxido de carbono gasoso, dióxido de carbono, bicarbonato e iões carbonato, constitui o regulador de pH mais importante na água dos oceanos e nas águas subterrâneas.

CAPÍTULO 3

Qualidade e aspectos químicos das águas naturais.

As águas naturais: oceanos, rios, riachos, lagos, nascentes, águas subterrâneas e mesmo a precipitação sob a forma de chuva, queda de neve, granizo e nevoeiro nunca são quimicamente puras. A água pura é a água "destilada" ou "bidestilada". A água nos seus percursos naturais subterrâneos e à superfície da terra, bem como as precipitações na atmosfera, estão sempre em contacto com substâncias mais ou menos solúveis na água ou que sofrem reacções com as moléculas de água. A degradação das rochas, a natureza e a composição dos solos e do subsolo são determinantes para a composição das águas naturais no que respeita à sua qualidade e concentração de componentes dissolvidos e em suspensão. $^{+2+2}$Os iões Ca e Mg resultam da interação entre a água e as rochas carbonatadas de origem sedimentar. Por outro lado, maiores concentrações do ácido silícico H4SiO4 e menores quantidades de cálcio e magnésio são encontradas em águas em contacto com rochas cristalinas. $^{++}$O Na e o K têm origem na decomposição lenta de feldspatos e argilas.

Para além destes componentes, a água pode conter outros tipos de substâncias. Isto depende das condições geológicas e geoquímicas ao longo do curso de água subterrâneo e superficial. $^{-2}$O sulfato (SO4) provém do gesso (CaSO4) e de minérios de ferro como a pirite (FeS2), bem como de outros sulfuretos. $^{-3-1}$O fosfato (PO4) e o fluoreto (F) são produtos da degradação da apatite [(PO4)3(F,Cl)Ca5]. Há nascentes que contêm um excesso de componentes inorgânicos, oligoelementos, que são muito raros nas águas naturais. Também as actividades vulcânicas, com as suas exalações ácidas, têm estado intensamente envolvidas ao longo dos anos na transformação das rochas em minerais mais solúveis. $^{-2-1}$Aniões como o carbonato (CO3) e o bicarbonato (HCO3) estão também presentes, resultantes da interação entre a água e as rochas de origem sedimentar, bem como da presença de CO2 no ar.

Todos os catiões dos metais alcalino-terrosos não se encontram sozinhos, mas têm os seus equivalentes sob a forma de aniões. Por conseguinte, as concentrações dos catiões estão inseparavelmente associadas a um conjunto complexo de equilíbrios de dissolução e dissociação química do sistema:

$$CO_2 \leftrightarrow H_2CO_3 \leftrightarrow HCO_3^{-1} \leftrightarrow CO_3^{-2}$$

Os constituintes químicos das águas naturais.

Temos de começar pela chuva, de onde provém toda a água natural. A chuva transporta consigo dióxido de carbono (CO2) que, em combinação com a água, dá origem a ácido carbónico (H2CO3). Por sua vez, a água absorve mais dióxido de carbono do solo e ácido húmico. Assim, a água nova pode dissolver certos materiais do solo. A quantidade de matéria dissolvida dependerá das caraterísticas químicas do solo e do subsolo, do tempo de permanência no solo e da distância que a água percorre nas rochas. À medida que a água permanece no solo, pode concentrar-se por evaporação e ocorrerão alterações complexas.

Nas águas subterrâneas encontramos sódio, potássio, cálcio, magnésio, ferro, cloretos, sulfatos... O silicato também pode estar presente. O fluoreto, o nitrato e o boro, quando presentes, encontram-se em concentrações muito baixas. O dióxido de carbono nem sempre forma bicarbonato, mas pode permanecer em pequenas porções como gás dissolvido.

Dióxido de carbono

Como já foi referido, a chuva contém dióxido de carbono dissolvido do ar ou do solo. Em combinação com a água, forma dióxido de carbono, que é um ácido muito fraco. No entanto, quando se trata de água com pouco dos outros elementos químicos, o dióxido de carbono actua fortemente, causando muitos problemas nos canos e corroendo-os. Esta água adquire ferro, os canos começam a ter fugas nas juntas e as caldeiras corroem-se. Para evitar a corrosão da água com pouca mineralização mas com dióxido de carbono, a sua dureza é aumentada com um pouco de óxido de cálcio.

Bicarbonato de cálcio

Quando a água com dióxido de carbono encontra rochas calcárias, forma-se bicarbonato de cálcio Ca

$(HCO_3)_2$. A água com bicarbonato de cálcio é dura, requer mais sabão para fazer espuma. O bicarbonato de cálcio só se mantém em solução quando está em equilíbrio com o dióxido de carbono. Quando aquecida, a água perde dióxido de carbono e o bicarbonato de cálcio deposita-se. Nos recifes, quando a água do mar aquece perto da praia, o dióxido de carbono escapa-se e o carbonato de cálcio precipita-se, permitindo o crescimento dos corais. Nas nascentes, o carbonato de cálcio, ou travertino, também se deposita. Quando a água sai ou atinge a superfície, a sua pressão diminui e o CO_2 escapa-se. O carbonato de cálcio deposita-se em locais como canos e caixas onde a água tem a possibilidade de perder gás por estar parada. Este carbonato de cálcio depositado é o que se designa por "incrustações".

Sulfato de cálcio

O dióxido de carbono não é necessário para dissolver o sulfato de cálcio, pelo que a solução simples de gesso fornece grandes quantidades de cálcio. O sulfato de cálcio também torna a água dura, mas a dureza é permanente, ou seja, tende a manter-se em solução. Esta água necessita também de muito sabão e provoca depósitos (incrustações) nas canalizações e caldeiras.

O sabor da água com demasiado sulfato de cálcio é muito mau. A água não mata a sede. Nos locais onde a água é "calcária", é preferível obter outro tipo de bebida hidratante.

A origem do sulfato pode estar no solo intemperizado, particularmente numa área árida onde os sedimentos não foram bem drenados devido à falta de chuva. $^{-2}$Os minerais com enxofre podem ser oxidados para formar SO_4. O sulfato de cálcio pode também concentrar-se à superfície por evaporação do solo húmido após a chuva ou depositar-se por evaporação da água capilar.

Bicarbonato de magnésio com sulfatos

A água dura contém normalmente magnésio e cálcio. Para dissolver o carbonato de magnésio, é necessário dióxido de carbono, sob a forma de calcário. O carbonato de cálcio é mais solúvel do que o carbonato de cálcio mas, no entanto, a dolomite é mais difícil de dissolver do que o calcário. Os depósitos de nascente, como o travertino, contêm geralmente pouco magnésio.

A água do mar tem muito mais magnésio do que cálcio devido à maior solubilidade do magnésio, particularmente numa solução de cloreto de sódio. Em parte, a deficiência de cálcio no mar deve-se à extração pelos organismos marinhos.

Nas águas naturais da terra, a proporção de cálcio é geralmente mais elevada, muitas vezes mais elevada do que a de magnésio. Quando acontece que uma área contém uma quantidade igual ou superior de magnésio do que de cálcio, suspeitamos que se trata de uma água anteriormente influenciada pelo mar ou parcialmente misturada com água do mar.

Bicarbonato de sódio

As rochas ígneas, particularmente os feldspatos ácidos, produzem bicarbonato de sódio após a meteorização, mas geralmente a concentração de bicarbonato de sódio é baixa nas águas subterrâneas. A água com uma quantidade moderada de bicarbonato de sódio é muito saborosa. É designada por "suave". Para a lavagem, esta água necessita de pouco sabão. É muito má para a agricultura. Só quando o cálcio está presente na água com excesso de sódio é que esta pode ser utilizada para irrigação. Esta água é corrosiva para o alumínio, formando aluminato de sódio.

Cloreto de sódio

O cloreto de sódio provém de rochas ígneas em pequenas quantidades, de gases vulcânicos e de evaporitos. As rochas têm pouco cloreto, mas os gases vulcânicos são ricos em ácido clorídrico e os evaporitos têm geralmente um excesso de cloreto de sódio.

A concentração de cloreto numa zona húmida é geralmente baixa, talvez algumas partes por milhão, devido à elevada solubilidade dos sais de cloreto e à boa circulação da água em terra. Perto do mar, o vento traz a névoa salina para a terra, depositando cloreto de sódio sob a forma de cristais, que a chuva dissolve e transporta para a zona de saturação.

A água com uma elevada concentração de cloreto de sódio é muito má. O seu sabor é desagradável. É possível beber água com uma concentração de até 1000 ppm, mas se beber demasiada desta água, terá problemas de estômago. A norma recomenda que, num sistema municipal, a concentração de cloreto não deve exceder 250 ppm.

NOM-127-SSA1-1994, estabelece um máximo de 250 ppm.

Ferro

As rochas ígneas e muitos minérios produzem ferro através da meteorização. Os sedimentos têm, localmente, cimento de ferro. Os materiais ferrosos são uma fonte de ferro. Está presente na água sob a forma de bicarbonato ou de sais complexos, talvez como parte de sais orgânicos. A água com pouco ferro tem um sabor desagradável. A água com 1 ppm de ferro pode ser testada. Utilizado na cozinha, na lavandaria e na limpeza das casas de banho, deixa manchas na roupa, nos utensílios e nas loiças. A norma recomenda que a água municipal tenha 0,3 ppm ou menos de ferro.

Fluor

O flúor, um constituinte menor mas não raro, tem origem na solução de rochas ígneas. A sua solubilidade numa solução calcária é baixa, mas quando a água tem muito sódio, o flúor pode estar presente. A água dura não contém fluoreto, mas quando contém bicarbonato de sódio, a presença de fluoreto pode ser elevada. Mais de 2 ppm de flúor misturado com a água tem um efeito prejudicial nos dentes das crianças que a bebem durante os primeiros 12 anos. Os seus dentes tornam-se mais ou menos castos ou manchados de castanho. Os regulamentos determinam que a água com mais de 1,7 ppm não deve ser utilizada no abastecimento público de água. No entanto, o baixo teor de flúor tem um aspeto desejável nos dentes das crianças. Os dentes são fortalecidos e as cáries são prevenidas.

Nitrato

Há alguns anos, considerava-se que o nitrato era originário da solução orgânica. Contaminação por fezes humanas e de animais. Além disso, pouco nitrato pode ser fixado no solo pelas raízes das plantas. Em alguns locais, os fertilizantes que contêm nitratos podem chegar ao reservatório subterrâneo. A presença de nitratos é, em certa medida, suspeita. A depleção bacteriana pode ser uma das causas. O nitrato em algumas partes por milhão é um sinal de poluição. Mas, para além disso, beber água com nitrato é muito perigoso para as mulheres grávidas, pois estas dão à luz crianças azuis com problemas de circulação "cianose". A norma recomenda que o nitrato não exceda 45 ppm.

Boro

O boro em concentrações até 1 ppm na água pode danificar as plantas. Por conseguinte, quando a água é utilizada para irrigação, este constituinte tem de ser determinado.

O boro tem origem em minerais como a turmalina. Os depósitos em lagos secos também contêm boro. O boro é comum em gases vulcânicos. Em geral, a água natural não contém boro.

Iões maiores e menores em águas naturais

Nas águas subterrâneas naturais, a maioria das substâncias dissolvidas encontra-se no estado iónico. Alguns destes iões estão quase sempre presentes e a sua soma representa a quase totalidade dos iões dissolvidos; estes são os iões fundamentais e a maior parte dos aspectos químicos e hidrogeoquímicos assentam neles.

Estes iões fundamentais são:

Catiões	Aniões
$Ca+^{2}$	$HCO3^{-1}$
Mg+2	$SO4^{-2}$
Na+1	Cl^{-1}
K+1	

$^{-2-2}$Os aniões nitrato (NO3) e carbonato (CO3) e o catião potássio (K+1) são frequentemente considerados como fazendo parte do grupo dos iões fundamentais, embora a sua proporção seja geralmente pequena. ^{2}Por vezes, o ião ferroso (Fe+) também é incluído.

$_{22}$Entre os gases, o dióxido de carbono (CO) e o oxigénio dissolvido (O) devem ser considerados fundamentais, embora não sejam frequentemente analisados nas águas subterrâneas. $_{2}$Entre as substâncias dissolvidas pouco ionizadas ou em estado coloidal, são importantes os ácidos e os aniões derivados da sílica (SiO).

Os restantes iões e substâncias dissolvidas encontram-se geralmente em quantidades muito menores do que as acima referidas e são designados por iões menores, os iões que se encontram geralmente em menos de 1 % do conteúdo iónico total, e por oligoelementos, os iões que, embora presentes, se encontram geralmente em quantidades difíceis de medir pelos meios químicos habituais.

NO_3^{-1}, CO_3^{-2} , K^+ , Fe^{+2}, NO_2^{-1}, F^{-1}, NH_4^{+1} y Sr^{+2} Os iões menores mais importantes são, para além dos já mencionados, os iões menores que se encontram normalmente em concentrações entre 0,01 e 10 ppm. Os iões menores encontram-se geralmente em concentrações entre 0,0001 e 0,1 ppm:

: B^{-1}, S^{-2}, PO_4^{-3}, $H_2BO_3^{-1}$, OH^{-1}, NO_2^{-1}, NO_3^{-1}, I^{-1} Aniões:

Catiões: Fe^{+3}, Mn^{+2}, Al^{+3}, H^+, NH_4^{+1}

Os iões metálicos derivados de As, Sb, Cr, Pb, Cu, Zn, Ba, V, Hg, U, etc., estão por vezes presentes em quantidades mensuráveis, mas são geralmente elementos vestigiais. Todos os outros iões possíveis estão quase sempre em quantidades inferiores a 0,0001 ppm. Embora os iões menores e os oligoelementos não sejam habitualmente determinados nas análises de rotina, exceto em circunstâncias especiais, têm, no entanto, interesse, nomeadamente nos estudos da origem e das relações entre as águas e na prospeção mineral. Atualmente, têm um interesse particular em certos estudos sobre o efeito das substâncias dissolvidas na água sobre a saúde pública. A disponibilidade de espectrómetros de absorção atómica torna a sua análise muito mais acessível, embora não isenta de dificuldades. Tudo o que precede refere-se aos casos mais frequentes nas águas naturais; nas águas poluídas, as circunstâncias podem alterar-se consideravelmente. Na natureza, existem, por vezes, águas subterrâneas naturais com composições que não estão de acordo com o que precede, quer porque contêm quantidades muito pequenas de alguns dos iões fundamentais, quer porque uma fração importante do conteúdo iónico é representada por um ou mais iões menores ou vestigiais. As águas subterrâneas designadas por águas doces contêm no máximo 1000 ou talvez 2000 ppm de substâncias dissolvidas; se o teor for superior, por exemplo até 5000 ppm, designam-se por águas salobras e até 40 000 por águas salinas. Não é raro encontrar águas com mais de 40 000 ppm de substâncias dissolvidas, por vezes até 300 000 ppm. Estas águas são designadas por águas salgadas e estão frequentemente associadas a depósitos salinos, águas de campos petrolíferos ou águas muito antigas a grandes profundidades. $^{-1+1+2}$Estas águas podem conter quantidades elevadas de elementos menores ou mesmo de oligoelementos e constituir verdadeiros minerais destas substâncias, mas muitas vezes não passam de uma pequena parte do conteúdo total, que é geralmente dominado pelos iões Cl e Na e, por vezes, Ca .

CAPÍTULO 4

Determinação de parâmetros físicos e químicos em águas naturais.

No estudo das águas superficiais e subterrâneas, os parâmetros físicos e químicos fornecem a informação mais importante para a sua caraterização. Nos capítulos seguintes deste texto descrevem-se em pormenor algumas das medições e técnicas físicas e químicas habitualmente e constantemente utilizadas na avaliação da água, que podem ser aplicadas por hidroquímicos não profissionais, estudantes de química e hidroquímica ou por técnicos e/ou investigadores na área dos recursos hídricos, bem como por exploradores e todos os interessados no estudo da água. As técnicas aqui apresentadas, para a caraterização de águas naturais, superficiais e subterrâneas, têm um carácter técnico de micro-escala, onde o principal objetivo é apresentar técnicas analíticas volumétricas mais acessíveis e de fácil execução, sem necessitar de equipamentos e utensílios laboratoriais complexos, que encarecem a sua realização, bem como a utilização dos reagentes mínimos necessários. Pretende-se que sejam técnicas implementadas no terreno, de fácil execução, com menor custo e em menos tempo. As técnicas volumétricas apresentadas permitirão também uma redução significativa da eliminação de resíduos tóxicos, uma vez que serão utilizadas quantidades relativamente pequenas.

Amostragem

Qualquer análise da água começa com uma amostragem. Para garantir um elevado valor informativo dos resultados da análise no que respeita à qualidade da água analisada, é muito importante que as amostras sejam representativas, especialmente quando se trata de avaliar a qualidade de massas de água naturais. É muito importante escolher um local de amostragem adequado para garantir que a amostra seja representativa. O local de amostragem deve não só garantir a facilidade de repetir a amostragem, mas também ser caracterizado e marcado e, de preferência, facilmente acessível.

Antes de cada amostragem, é necessário refletir sobre o que se quer ou precisa de saber sobre a qualidade de uma água. É muito importante estabelecer um plano de amostragem, antes de a amostragem ser efectuada, de modo a preparar e transportar todo o equipamento minimamente necessário para a recolha e, se necessário, para a análise no local e, se a amostra for levada para o laboratório, para garantir que a qualidade da amostra não se altera durante o tempo entre a amostragem e a análise.

Para a amostragem, é necessário saber quais os parâmetros a determinar, de modo a dispor do equipamento necessário para a sua avaliação, uma vez que alguns podem ser realizados diretamente no campo (por exemplo, temperatura, pH, sólidos totais dissolvidos, condutividade eléctrica, ORP). No entanto, em geral, para a recolha de amostras de água a avaliar tanto no campo como no laboratório, é necessário dispor de garrafas e frascos perfeitamente lavados. Cada garrafa é rotulada com uma etiqueta de identificação. Se tal não for possível, podem ser adicionadas pelo menos algumas gotas de clorofórmio a cada amostra para evitar que as bactérias se reproduzam e alterem a água e, se tiverem de ser transportadas para um local distante para análise, devem ser colocadas em gelo (4°C). As amostras nunca devem ser armazenadas durante vários dias, pois a composição química pode alterar-se. Podem ser mantidas no frigorífico durante um curto período de tempo antes da análise.

A amostragem para caraterização físico-química é facilmente acessível a partir da margem, como em lagos e depressões pouco profundas ou grandes massas de água. Nestes casos, a amostra é colhida diretamente, sendo as garrafas de polietileno muito adequadas, uma vez que são mais leves do que as garrafas de vidro e inquebráveis. As amostras de água devem ser armazenadas em recipientes perfeitamente limpos e fechados, de modo a não permitir a perda de componentes por volatilidade ou entrada de ar (que pode favorecer reacções químicas ou bilógicas).

Para a maior parte das análises, a refrigeração a baixa temperatura (4°C) é suficiente para conservar as amostras de água durante um período de tempo suficientemente longo. A esta temperatura, os efeitos das reacções químicas indesejáveis para a análise são reduzidos e a atividade biológica minimiza as possibilidades de decomposição.

Uma vez recolhidas, as amostras devem ser transferidas o mais rapidamente possível para o laboratório de análises. Se os componentes da amostra forem instáveis, devem ser utilizados refrigeradores portáteis cheios de gelo suficiente ou qualquer outro sistema de refrigeração durante o transporte.

A Tabela 4.1 apresenta algumas condições de armazenamento para alguns dos analitos abordados neste texto.

Analito	Contentor	Aditivo	Tempo máximo
Alcalinidade	Polietileno		2 semanas
Cálcio	Polietileno	$_3$HNO pH< 2	24 semanas
Dureza	Polietileno	$_3$HNO pH< 2	24 semanas
Cloretos	Polietileno		4 semanas

Quadro 4.1 Condições de armazenamento das amostras, quando as análises não são efectuadas imediatamente.

Temperatura

Potencial calorífico referente a uma determinada origem, por exemplo, a temperatura de fusão do gelo. Unidades: Medida em graus centígrados ou Celsius (°C) e, nos países anglo-saxónicos, em graus Fahrenheit (°F). °C = 5/9 (°F - 32).

As águas subterrâneas têm uma variabilidade de temperatura muito baixa e respondem à média anual das temperaturas atmosféricas locais, aumentada pelo produto da profundidade e do gradiente geotérmico (1 °C por cada 33 m em média, um pouco mais elevada nas zonas tectónicas e vulcânicas e um pouco mais baixa nas grandes bacias sedimentares). A temperatura afecta a viscosidade da água, a capacidade de absorção de gases, etc. Embora a temperatura da água não seja uma caraterística química, afecta algumas das propriedades geoquímicas (como a solubilidade de gases e minerais). As medições devem ser feitas diretamente no campo. A temperatura deve ser medida com um termómetro ou termistor. A temperatura deve ser medida no campo o mais rapidamente possível para evitar o aquecimento ou o arrefecimento. Deve garantir-se que a amostra representa a temperatura da água no aquífero e não no interior de uma captação, tubo ou tanque. A temperatura ideal da água situa-se entre 10 e 19 °C.

Fig. 4.1 Termómetros digitais e termómetros de mercúrio.

Para medir a temperatura, o termómetro de mercúrio ou o termómetro de sonda deve ser mergulhado diretamente na água, tendo o cuidado de o fazer à sombra, para que não fique diretamente exposto ao sol. Manter o termómetro na água durante pelo menos 30 segundos a um minuto. Recomenda-se que a leitura seja registada com o termómetro na água para evitar possíveis variações. A temperatura é registada em graus Celsius (°C).

Potencial de hidrogénio (pH)

A molécula de água é constituída por dois átomos de hidrogénio e um átomo de oxigénio, daí a sua fórmula H_2O. É uma molécula ligada covalentemente e, devido à sua assimetria e forte polaridade, a água tem propriedades únicas, tanto do ponto de vista químico como físico. Do ponto de vista físico, caracteriza-se pelo facto de ser um líquido entre 0 e 100 °C à pressão atmosférica, com um calor específico muito elevado (1 cal/g °C, que é o valor médio entre 0 e 100 °C), e com calores de vaporização (540 cal/g a 1 atm) e de congelação (80 cal/g) muito elevados. Tem a maior tensão superficial conhecida e molha facilmente a maioria dos sólidos naturais. Possui uma notável anomaHa dilatométrica, uma vez que a 4 °C tem uma densidade máxima (1 kg/litro), sendo um pouco menos densa a 0 °C e consideravelmente menos densa no estado sólido. A água líquida é apenas um corpo muito fracamente iónico, com a dissociação molecular a ocorrer de acordo com a reação simplificada

$$H_2O \leftrightarrow H^+ + OH^{-1}.$$

A qualquer temperatura, é verdade que:

$$[H^+][OH^{-1}] = K$$

$^{-14}$Onde K é uma constante em função da temperatura, cujo valor é 1 x 10 a 25 °C. $^+$Se a água for pura, o equilíbrio iónico exige que [H] = [OH-]. $^+$A concentração em hidrogeniões [H] é um valor muito importante, mas para evitar lidar com valores muito pequenos, utiliza-se o pH, que é definido como pH = -log [H+] . Para a água pura a 25 °C, o pH é 7. A água é uma substância quimicamente muito ativa, muito fácil de dissolver e de reagir com outras substâncias, tanto inorgânicas como orgânicas. O seu poder ionizante e a sua constante dieléctrica são muito elevados, sendo o solvente mais utilizado. As substâncias dissolvidas podem alterar o equilíbrio de dissociação da água, alterando assim o pH. $^{+-1}$ A dissolução do NaCl quase não altera este equilíbrio, mas a adição de HCl ou NaOH modifica-o fortemente pela adição de H ou OH , produzindo uma água ácida ou básica, respetivamente. $H^+ + CO_3^{-2} \leftrightarrow HCO_3^{-1}$, $^{-1}$Muitas substâncias neutras, quando dissolvidas, reagem com a água, destruindo este equilíbrio, tal como a calcite ($CaCO_3$), que produz uma solução algo básica ou alcalina, à medida que a reação se estabelece, deixando um excesso de OH . A existência de ácidos ou bases muito fracamente ionizados tende a manter o pH da água quase constante quando se tenta alterá-lo através da adição de pequenas quantidades de ácidos ou bases fortes. $^{-1}$Estas soluções são chamadas soluções tampão e são relativamente comuns na natureza devido à presença de CO_2 e HCO_3 dissolvidos na água. Isto explica o facto de a maioria das águas subterrâneas ter um pH entre 6 e 8,5.

$^+$O pH da água é uma medida de alcalinidade e acidez e indica a concentração de iões de hidrogénio [H] e é medido numa escala de 0 a 14. As medições deste parâmetro são consideradas mais exactas quando efectuadas no terreno e muito cedo, uma vez que o pH pode ser alterado por mudanças de temperatura, fugas ou incorporação de gases na amostra. O pH descreve geralmente a composição da água. Um pH de 7 indica que a água é neutra, valores mais baixos indicam acidez e valores mais altos indicam um carácter básico.

Fig. 4.2 Diferentes modelos de medidores de pH digitais.

Os potenciómetros digitais (Fig. 4.2), que consistem basicamente num medidor com um elétrodo de vidro e um elétrodo de referência, são muito utilizados para a medição do pH. Para o seu funcionamento, é necessária a utilização de soluções tampão de pH 4, 6,86 e 9. O ajuste e a calibração do aparelho são efectuados de acordo com o procedimento indicado no manual do fabricante, mas, em geral, utiliza-se o seguinte procedimento:

Enxaguar o elétrodo com água destilada. Inserir o elétrodo na solução tampão e mover o botão de alimentação para a posição pH. Mova a configuração do medidor para o valor de pH que corresponde à solução tampão. Voltar a colocar o botão na posição de desligado. Enxaguar e limpar o elétrodo com água destilada e secar com papel macio.

Para a determinação do pH da amostra de água:

1) Inserir o elétrodo na amostra e rodar o botão de alimentação para a posição de pH.
2) Ler o pH da amostra, aguardar que o elétrodo atinja o equilíbrio (40 segundos).
3) Voltar a colocar o botão na posição de desligado.
4) Lavar o elétrodo com água destilada e mantê-lo imerso em água quando não estiver a ser utilizado e/ou cobrir o elétrodo.
5) O valor do pH é lido diretamente no mostrador do potenciómetro.

Medição do pH com papel indicador.

Se não estiver disponível um medidor de pH, pode ser utilizado papel de pH, que é um indicador colorido que pode ser utilizado para dar cores diferentes em toda a gama de pH. Este método será uma aproximação, uma vez que é impreciso. Para o efeito, introduz-se uma tira de papel na amostra de água. Isto produzirá uma série de cores que podem ser comparadas visualmente com uma escala de cores. O valor aproximado é anotado e a tira de papel é destruída.

Condutividade eléctrica (CE).

Também conhecida como resistividade. A condutividade é a capacidade de transporte elétrico de um condutor. No caso da água, é a capacidade de conduzir eletricidade. A condutividade eléctrica (CE) da água é caracterizada pelo teor de sais dissolvidos. A água completamente pura não é condutora de eletricidade. A condutividade é medida em microsiemens por centímetro (^S/cm) ou microohms por centímetro (цO/cm). A condutividade aumenta com a temperatura, pelo que deve ser medida numa temperatura de referência (18°C ou 25°C). Como a corrente eléctrica é transportada por iões em solução, quanto mais iões existirem na água, maior será a condutividade. Por conseguinte, o valor da medição da CE é utilizado como parâmetro para estimar a quantidade total de sólidos totais dissolvidos (TDS). O total de sólidos dissolvidos na água em ppm ou mg/L deve ser igual ao valor da condutividade da amostra multiplicado por um fator entre 0,55 e 0,7. A equação seguinte pode ser utilizada para calcular a quantidade de sólidos totais dissolvidos (TDS) a partir da condutividade eléctrica (CE):

$$SDT\ (mg/L) = CE\ (\mu S/cm)\ (550 - 700)$$

A condutividade é determinada comparando a medição da resistência eléctrica entre dois eléctrodos de uma amostra de água com a de uma solução padrão de cloreto de potássio a 25°C. A condutividade eléctrica da água doce natural pode variar entre 100 e 2000 pS/cm. Atualmente, os medidores portáteis digitais são muito utilizados (Fig. 4.3).

Fig. 4.3 Medidores de condutividade eléctrica, atualmente em uso.

Sólidos totais dissolvidos (TDS)

É um parâmetro utilizado para avaliar o teor de iões dissolvidos na água, ou seja, o seu teor de substâncias minerais dissociadas. Recomenda-se que o teste seja efectuado no local de amostragem da água natural.

A água é um solvente capaz de dissolver a maioria dos sólidos até certo ponto. Da maioria dos solutos encontrados na água subterrânea, apenas uma pequena parte está presente numa quantidade superior a 1 ppm em condições naturais típicas. Do total de solutos dissolvidos na água, os iões maiores ocupam 95-99% do total, os iões menores 1 a 3% e os iões vestigiais cerca de 0,1%. Os solutos que se encontram em concentrações mais elevadas do que as acima referidas são designados por iões maiores, e os que se encontram em quantidades inferiores são designados por elementos vestigiais. É importante notar que a abundância relativa dos elementos que constituem os solutos dissolvidos na água depende da sua mobilidade química. À medida que a água subterrânea migra no subsolo das zonas de recarga para as zonas de descarga, altera a sua composição química dissolvendo pequenas quantidades de materiais no seu caminho, aumentando a quantidade de sólidos dissolvidos que contém. As normas oficiais estabelecem preferencialmente até 500 ppm, sendo tolerados até 1000 ppm de sólidos totais dissolvidos em águas doces potáveis. Os medidores digitais Fig. 4.4 são atualmente utilizados para a sua determinação.

Potencial redox (ORP)

O potencial redox mede a tendência de um sistema para oxidar ou reduzir uma espécie química. Os sistemas redox estão em relação direta com o pH, o oxigénio dissolvido, a pressão e a temperatura. O potencial redox é muito importante nos processos de dissolução de sais devido ao ataque da água aos minerais, uma vez que as espécies químicas podem mudar o seu estado de valência.

O ORP ou potencial de oxidação-redução (ORP) é utilizado como uma medida eficaz da atividade sanitária na água potável, piscinas e spas.

Os eléctrodos ORP foram estudados na Universidade de Harvard em 1936. Estes estudos mostraram uma forte correlação entre o ORP e a atividade bacteriana. Na desinfeção da água, a concentração de cloro livre e o tempo de contacto com a água, bem como o pH e a temperatura, são muito importantes.

A medição contínua do potencial redox da água tratada permite ajustar a quantidade de bio-oxidante adicionada à água (dosagem), necessária para reagir com substâncias orgânicas e inorgânicas e reduzir as concentrações das populações bacterianas contidas na água para os níveis desejados.

A Organização Mundial de Saúde (OMS), adoptou em 1971 um valor de 650 mV como valor adequado para a água potável, em geral pode considerar-se que com este valor mantido durante 30 minutos a água está adequadamente desinfectada, embora seja necessário realizar um estudo individualizado para cada caso. O ORP não tem relação direta com a concentração em ppm de desinfetante, uma vez que mede a atividade de oxidação na água e não a concentração de oxidante (cloro, ozono e outros desinfectantes oxidativos).

O ORP é medido electrometricamente utilizando um elétrodo de referência (Fig. 4.4). O ORP deve ser sempre determinado no local onde a amostra é recolhida, uma vez que pequenas alterações na condutividade ambiente podem causar alterações significativas no valor do ORP.

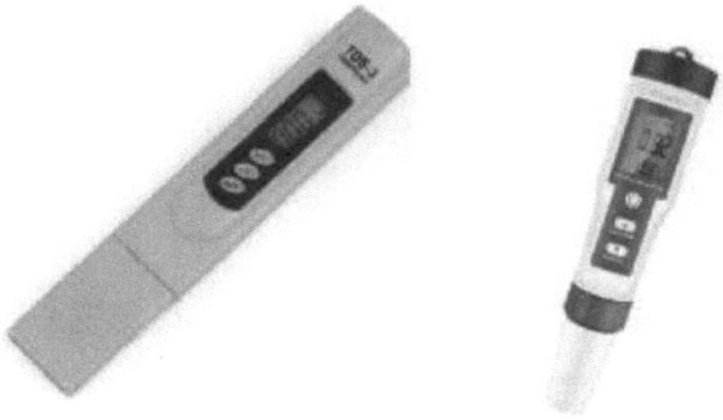

Fig. 4.4 Medidores digitais de SDT e ORP. Estão agora disponíveis medidores multiparamétricos, fáceis de transportar e com resultados fiáveis.

CAPÍTULO 5

Determinação de cloretos.

Cloretos em águas naturais.

O ião cloreto Cl , está principalmente associado à precipitação e o seu teor depende da altura e da distância do ponto de amostragem ao mar, bem como do tipo de evento de precipitação. Nos poços situados nas planícies costeiras, um teor elevado de Cl pode estar associado à intrusão salina ou a entradas de fontes poluentes. Este ião predomina na água do mar e em muitas águas doces, nomeadamente as associadas aos xistos marinhos e aos evaporitos. Forma geralmente sais muito solúveis. É muito estável em solução. Não é oxidado nem reduzido nas águas naturais. Está geralmente associado ao ião Na, especialmente em águas muito salinas, mas o número de miliequivalentes dos dois iões não é necessariamente igual. As concentrações deste ião situam-se entre 10 e 250 ppm nas águas doces, mas não é raro encontrar concentrações muito mais elevadas, até vários milhares de ppm. Mais de 300 ppm dá um sabor salgado à água potável, mas não é prejudicial, pelo menos até alguns milhares de ppm. É essencial para a vida. Níveis elevados são prejudiciais para muitas plantas e comunicam corrosividade à água. O limite permitido pelas normas internacionais é de 250 ppm para a água potável.

Para a análise em laboratório, utiliza-se a titulação com AgNO3, tendo como indicador Ag2CrO4 (método de Mohr), com uma mudança de amarelo para laranja-avermelhado.

Método de Mohr

Na análise volumétrica, existe um grupo de reacções de substituição em que um dos produtos é insolúvel, pelo que os métodos que se baseiam na formação de um precipitado são designados por volumetria de precipitação. As reacções mais importantes deste tipo envolvem iões de prata [Ag+], razão pela qual se designa por Argentometria. Karl Friedrich Mohr, em 1856, propôs a utilização de uma solução de cromato de potássio como indicador do fim da reação entre os iões cloro [Cl] e os iões prata [Ag]. Este método, conhecido pelo nome do seu autor, baseia-se nas diferentes solubilidades do cloreto de prata (AgCl) e do cromato de prata (Ag2CrO4) e pode ser explicado da seguinte forma: se uma pequena quantidade de cromato de potássio for adicionada a uma solução neutra de um cloreto e titulada com uma solução titulada de nitrato de prata (AgNO3), há uma tendência para a formação de dois precipitados: o de cloreto de prata (AgCl, branco), e o de cromato de prata (Ag2CrO4, vermelho alaranjado), mas sendo o primeiro mais insolúvel, enquanto houver iões cloreto [Cl] na solução, ocorrerá a formação de cloreto de prata; e só quando todo o cloreto tiver precipitado, um ligeiro excesso de iões prata [Ag] produzirá cromato de prata, que permanece e confere ao líquido uma cor laranja-avermelhada, indicando o fim da titulação.

Princípio teórico.

Esta metodologia parte, em princípio, do equilíbrio em que se baseia a reação entre os iões [Ag+] e os iões [Cl], de acordo com a reação:

$$Ag^{+} + Cl^{-} \rightarrow AgCl\ (\text{blanco})\ Kps = 1.8 \times 10^{-10}$$

São apresentadas curvas de titulação para o ião cloreto [Cl] = 0,1 M, utilizando AgNO3 0,1 M, como na Fig. 5.1.

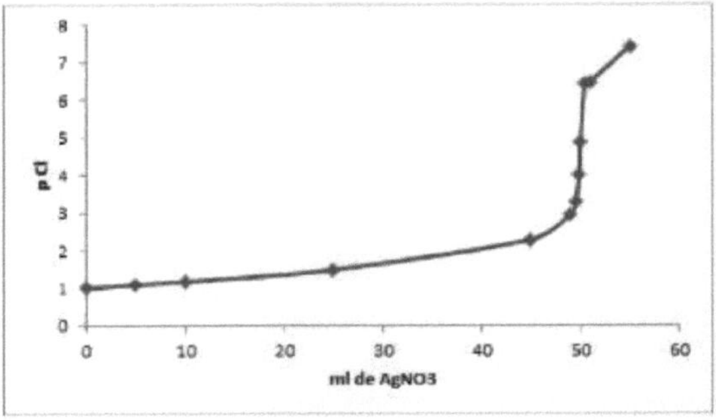

Fig. 5.1 Curva de titulação de cloretos com nitrato de prata.

-+No ponto de equivalência, o [Cl] = [Ag] , então:

$$[Cl^-] = [Ag^+] = \sqrt{Kps} \quad \sqrt{}$$

Y el pCl = - log [1.34 x 10^{-5}] = 4.87

-5-5 Na determinação do ião cloreto por titulação com prata, o ponto final deve ocorrer quando a concentração do ião que está a ser titulado tiver caído para 1,34 x 10 mol/L ou quando a concentração do ião titulante for ligeiramente superior a 1,34 x 10 mol/L.

O ponto final deste método é determinado pela primeira formação de um precipitado vermelho-alaranjado de cromato de prata, que aparecerá quando a precipitação do cloreto de prata estiver completa; o indicador será uma solução de cromato de potássio (K2CrO4).

$$Ag^+ + Cl^- \rightarrow AgCl\ (\text{blanco}),\ Kps = 1.8 \times 10^{-10}$$
$$2\,Ag^+ + CrO_4^{-2} \rightarrow Ag_2CrO_4\ (\text{rojo}),\ Kps = 1.3 \times 10^{-12}$$

Como o cromato de prata é mais solúvel do que o cloreto de prata. Quando se adicionam iões de prata a uma solução que contém uma concentração elevada de iões cloreto e uma concentração baixa de iões cromato, o cloreto de prata precipitará primeiro; o cromato de prata não se formará até que a concentração de prata aumente o suficiente para exceder o Kps do cromato de prata.

-2-1Sabendo que a sedimentação de qualquer precipitado se inicia quando o produto das concentrações dos iões constituintes se torna maior que o produto de solubilidade, não é difícil calcular qual deve ser a concentração do ião [CrO4] para que o precipitado Ag2CrO4 se forme apenas quando praticamente todos os iões Cl estiverem titulados. Ou seja, é possível calcular a concentração de cromato que provocará a precipitação do cromato de prata no ponto de equivalência:

$$Kps\ Ag_2CrO_4 = 1.3 \times 10^{-12} \quad \text{portanto:}$$

$$[Ag^+]^2\,[CrO_4^{-2}] = 1.3 \times 10^{-12} \quad \text{por que:}$$

$$[CrO_4^{-2}] = \frac{1.3 \times 10^{-12}}{[Ag+]^2}$$

E como no ponto de equivalência $[Cl^-] = [Ag^+] = 1.34 \times 10^{-5}$

$$[CrO_4^{-2}] = \frac{1.3 \times 10^{-12}}{(1.34 \times 10^{-5})^2} = 0.0072\ M$$

De acordo com este cálculo, a concentração do ião cromato deve ser ligeiramente superior a 0,0072 mol/L para que o Ag2CrO4 se forme no ponto de equivalência da titulação com o ião prata. Na prática, uma solução a 5% de K2CrO4 satisfaz as expectativas para ser um bom indicador para esta titulação.

Deve notar-se que, dado que o precipitado Ag2CrO4 se dissolve bem em ácidos, todas as determinações efectuadas por este método devem ser realizadas num meio neutro ou muito fracamente alcalino, dentro dos limites de pH bastante estreitos, ou seja, de 7 a 10.

Material: 1 microbureta de 1 ml

1 suporte para micro

1 bureta volumétrica de 3 ml

1 frasco Erlenmeyer de 25 ml

Reagentes:

1.- Cromato de potássio: Dissolver 5 g de Ag2CrO4 em 100 ml de água destilada. Armazenar num frasco conta-gotas.

2.- Solução titulada de AgNO3 0,01 N

Procedimento:

1 Colher uma amostra de 3 mL de água e colocá-la no frasco cónico.

2 Adicionar uma gota de solução de cromato de potássio a 5%.

3 $_3$Titular com a solução 0,01 N de AgNO até ao aparecimento de uma coloração laranja-avermelhada.

Cálculos:

A concentração do ião cloreto na amostra, expressa em mg/L, pode ser obtida a partir da seguinte expressão

Exemplo: Uma amostra de 3 mL de água requer 0,23 mL de uma solução 0,01 M de AgNO3. Calcule a concentração de cloreto.

Métodos volumétricos à microescala para a análise da água no terreno.

Amostragem de águas superficiais e subterrâneas.

CAPÍTULO 6

Determinação da alcalinidade

Alcalinidade em águas naturais.

A alcalinidade da água é a sua capacidade de neutralizar ácidos e é a soma de todas as bases tituláveis. O valor medido pode variar significativamente com o pH de referência utilizado. A alcalinidade é uma medida de uma propriedade agregada da água e só pode ser interpretada em termos de substâncias específicas quando a composição química da amostra é conhecida. Uma vez que a alcalinidade de muitas águas superficiais é principalmente uma função do teor de carbonato (CO3 =), bicarbonato (HCO3 -) e hidróxido (OH-), é tomada como um indicador da concentração destes constituintes. Os valores medidos podem também incluir contribuições de boratos, fosfatos, silicatos ou outras bases presentes. É uma medida da capacidade de uma água neutralizar um ácido forte. $^{-2}$Nas águas naturais, esta capacidade pode ser atribuída às concentrações de HCO3 , CO3 e OH .

A origem da presença de carbonato e bicarbonato nas águas naturais ou superficiais pode ser diversa: dissolução do dióxido de carbono atmosférico.

$$CO_2 + 2\,H_2O \leftrightarrow H_3O^+ + HCO_3^-$$

A dissolução de rochas carbonatadas:

$$CaCO_3 + 2\,H_3O^- \leftrightarrow Ca^{+2} + 2\,HCO_3^- + 2\,H_2O$$

$$HCO_3^- + H_3O^+ \leftrightarrow H_2CO_3 + H_2O$$

$$H_2CO_3 \leftrightarrow CO_2 + H_2O$$

$^{++}$Por isso, a alcalinidade é também igual à dureza carbonatada e é a capacidade quantitativa de uma água reagir com iões hidrónio H3O ou H . Geralmente, a alcalinidade é a soma do conteúdo de iões carbonato, bicarbonato e hidróxido, mas pode também incluir outros aniões como boratos, fosfatos, silicatos. Felizmente, uma vez que o pH da água natural se situa normalmente entre 6 e 8,5, o anião predominante será o bicarbonato HCO3 , como se mostra na Figura 6.1 .

É uma medida da capacidade de neutralização de um ácido. É utilizada para determinar as quantidades de carbonato e bicarbonato na água, partindo do princípio de que as outras espécies químicas são consideradas mínimas. O carbonato e o bicarbonato conferem alcalinidade à água, dando-lhe capacidade de consumo de ácidos. A dissolução das rochas calcárias e dolomíticas é a fonte de bicarbonato e carbonato. A água doce pode ter entre 50 e 350 ppm de bicarbonato (a água subterrânea tem cerca de 200 ppm). O ião carbonato encontra-se em concentrações muito mais baixas do que o bicarbonato. Se o pH for inferior a 8,3, é considerado zero. Nas águas alcalinas com pH > 8,3 podem estar presentes quantidades significativas de carbonato. Normalmente, todas as águas doces superficiais e subterrâneas têm um pH < 8,3, pelo que a alcalinidade será apenas uma função da concentração do ião bicarbonato, HCO3 .

De acordo com a Secretaria de Salubridad y Asistencia, a quantidade máxima de alcalinidade total, expressa em CaCO3, que a água para consumo humano pode conter é de até 400 ppm.

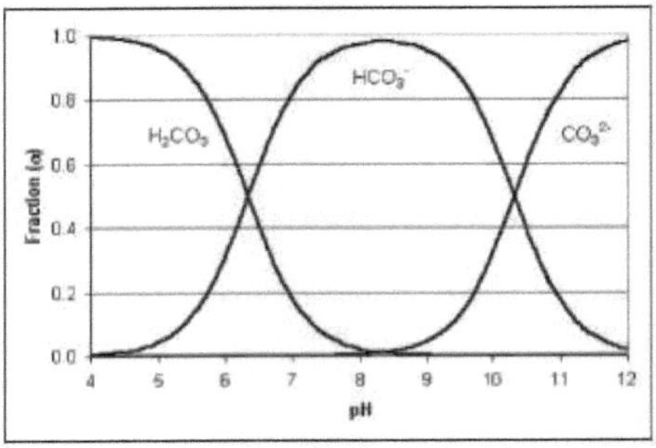

Fig. 6.1 Influência do pH no equilíbrio das espécies carbonatadas. Nas águas doces naturais, o pH situa-se entre 6 e 9. Por conseguinte, a espécie dominante será o bicarbonato HCO3-

Princípio teórico

Na determinação da alcalinidade, um volume conhecido de amostra é titulado com uma solução padrão de um ácido forte até um valor de pH na gama de aproximadamente 3,8 a 4,8. Este ponto final é quase sempre detectado pela mudança de cor do indicador laranja de metilo. O H+ adicionado é a quantidade estequiométrica necessária para as reacções seguintes; assim, assume-se que a um pH de 8,3 as reacções terão lugar:

$$OH^- + H^+ \leftrightarrow H_2O \text{ y } CO_3^{-2} + H^+ \leftrightarrow HCO_3^-$$

São completas e, a um pH de cerca de 3,8 a 4,8, a reação

$$HCO_3^- + H^+ \leftrightarrow H_2CO_3$$

Está completo. "Se se aplicar o indicador de fenolftalerna a uma amostra de água e esta se tornar incolor, verifica-se que a única espécie que provoca a alcalinidade é o bicarbonato HCO3.

No decurso da interação entre o ião bicarbonato e o ácido forte, ocorrem as seguintes reacções

$$H_2CO_3 \leftrightarrow H^+ + HCO_3^{-2},\ K_1 = 4.6 \times 10^{-7}, pK_1 = 6.34$$

$$HCO_3^- \leftrightarrow H^+ + CO_3^{-2},\ K_2 = 5.6 \times 10^{-11},\ pK_2 = 10.25$$

Assim, no início da titulação existe a solução de bicarbonato e no ponto de equivalência a solução de H2CO3. O pH da solução é, portanto, determinado pela razão entre estas duas substâncias. Supondo a titulação de uma solução de bicarbonato 0,01 M com uma solução de ácido forte 0,01 M. O valor do pH da solução inicial de bicarbonato pode ser calculado de acordo com a fórmula para determinar o pH de soluções de ácidos dibásicos fracos:

$$pH = \frac{pK_1 + pK_2}{2} = \frac{6.34 + 10.25}{2} = 8.3$$

O ponto final desta titulação é determinado com base no pressuposto de que, no ponto de equivalência, todo o bicarbonato é transformado no ácido fraco H2CO3, cuja concentração molar será aproximadamente 0,05 M, portanto:

$$pH = \frac{pK_1 + pC_{ácido}}{2} = \frac{6.34 + 1.30}{2} = 3.84$$

O valor do pH situa-se no ponto médio do intervalo do desvio do alaranjado de metilo (3,1 a 4,4). Esta é a base para a determinação da alcalinidade numa mistura de hidróxidos ou carbonatos ou carbonatos e bicarbonatos, pois quando se adiciona um ácido titulado na presença de fenolftalerina, a mudança de cor ocorre quando todos os hidróxidos são neutralizados e apenas metade dos carbonatos se transformam em bicarbonatos. O bicarbonato formado produz uma solução cujo pH é 8,3, ou seja, descolora a fenolftalerina; se se adicionar alaranjado de metilo, contra o qual a solução é ainda alcalina, uma vez que este indicador muda entre 3,2 e 4,4, adicionando um ácido titulado até que a cor amarela mude para uma cor laranja-mamão.

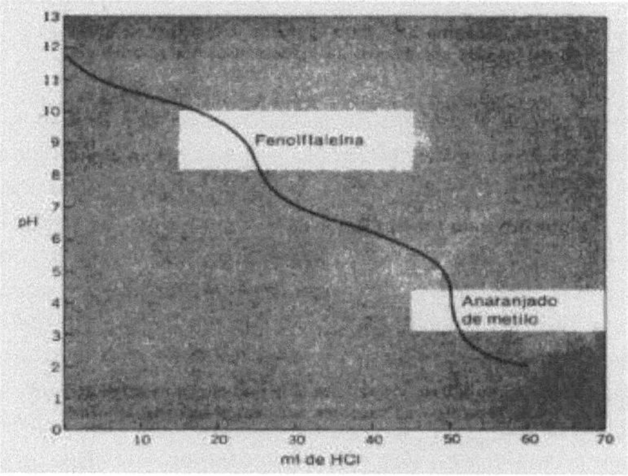

Figura 6.2 Curva de titulação de um carbonato com um ácido forte.

O que é habitual é titular o ião carbonato como base com um ácido forte; neste caso, obtêm-se duas inflexões, como mostra a figura 6.2.

Felizmente, as águas naturais são encontradas com pH < 8,3 e, portanto, é comum que a forma predominante de alcalinidade sejam os bicarbonatos, pelo que se pode assumir que esta forma gera a maior parte da alcalinidade total na amostra.

Material:

1 x 1 mL microbureta

1 suporte para micro

1 pipeta volumétrica de 3 mL

1 frasco Erlenmeyer de 25 ml

Reagentes:

1. solução de alaranjado de metilo. Dissolver 0,05 g do indicador em 100 mL de água destilada.
2. solução titulada de H2SO4 0,02 N

Procedimento:

1 Colher uma amostra de 3 mL de água e colocá-la no Erlenmeyer de 25 mL.

2 Adicionar 1 ou 2 gotas de indicador de alaranjado de metilo.

3 Titular a solução com H2SO4 0,02 N, até que a cor mude de amarelo para amarelo-marmelada.

Cálculos:

A alcalinidade total, expressa em mg $_{CaCO3}$, por litro, é calculada pela seguinte expressão:

$$CaCO_3 = \frac{V_{ácido}N_{ácido}\,(50000)}{V_{muestra}}$$

Alcalinidade total como

Exemplo: O pH de uma amostra de água é 7,47. $_6$Uma amostra de 3 mL é titulada com 0,78 mL de uma solução 0,02 N de H2SO4. Qual será a alcalinidade desta água?

$$_{Alcalinidade} = \frac{(0.78)(0.02)(50000)}{3} = 260\,ppm$$

$^{-1}$Para calcular a concentração de [$_{HCO3}$], pode ser utilizada a seguinte relação:

$$[HCO_3^-] = \frac{V_{ácido}N_{ácido}\,(61\,000)}{V_{muestra}}$$

CAPÍTULO 7

Determinação da dureza.

Dureza das águas naturais.

As águas naturais contêm várias quantidades de sais e têm uma composição muito variável. Algumas delas, quando utilizadas para a lavagem com sabões vulgares, precipitam aglomerados e são por isso chamadas águas "duras". A dureza da água deve-se principalmente à quantidade de metais alcalino-terrosos dissolvidos. A maioria destes iões são os catiões Ca^{+2} e Mg^{+2}. A presença de carbonatos, sulfatos e cloretos de cálcio e magnésio causam a dureza da água. Os iões metálicos divalentes e trivalentes dissolvidos, como o ferro, o manganês, o alumínio e o zinco, embora em menor quantidade, também contribuem para a dureza da água. A água dura é encontrada principalmente em regiões onde as rochas calcárias são abundantes. A água macia encontra-se em regiões onde predominam rochas cristalinas como o granito, o gnaisse, o basalto e o xisto. A água macia contém muito menos destes alcalino-terrosos e é sempre melhor para qualquer aplicação. A água da chuva também é macia.

-2--2Os catiões alcalino-terrosos dissolvidos não se encontram sozinhos na água, mas têm como contrapartida aniões, principalmente carbonato (CO_3), bicarbonato (HCO_3) e sulfato (SO_4). Por conseguinte, as concentrações dos catiões dependem de um conjunto complexo de equilíbrios de dissolução e de dissociação química do sistema: carbonato^bicarbonato^dióxido de carbono.

No caso dos carbonatos de cálcio e de magnésio, como o calcário ou a dolomite, para além do equilíbrio:

$$CaCO_{3(sólido)} \leftrightarrow Ca^{+2}_{(disuelto)} + CO_3^{-2}_{(disuelto)}$$

Nas quais se formam aniões carbonato, estes aniões fazem parte de uma outra série de equilíbrios:

$$CO_3^{-2} + H_3O^+ \leftrightarrow HCO_3^- + H_2O$$

$$CO_{2(gas)} + H_2O \leftrightarrow H_2CO_3$$

$$H_2CO_3 + H_2O \leftrightarrow H_3O^+ + HCO_3^-$$

A partir desta série de equilíbrios, verifica-se que tanto o pH como a presença de dióxido de carbono influenciam a solubilidade dos carbonatos.

O cálcio é o quinto elemento mais abundante na crosta terrestre. Está presente na maior parte da água devido à elevada solubilidade das rochas que o contêm. Os sais de cálcio são responsáveis pela formação de depósitos em tubagens e sistemas de aquecimento de água.

A origem do magnésio na água explica-se pela dissolução de rochas que contêm minerais ferromagnéticos (argilas) e de algumas rochas carbonatadas (dolomite). Encontra-se também em muitos compostos organometálicos e na matéria orgânica natural.

A classificação da água em função da quantidade de mg por litro de carbonato de cálcio é a seguinte

3Dureza como CaCO (mg/L)	Tipo de água
0 a 75	Água doce
75 a 150	Água de dureza média
150 a 300	Água dura
>300	Água muito dura

Princípio teórico para a determinação da dureza total

O método para determinar a dureza da água envolve a utilização de soluções de ácido etilenodiaminotetracético ou dos seus sais de sódio como agente titulante. Estas soluções formam "iões complexos solúveis" com cálcio, magnésio e outros iões causadores de dureza. Nos anos 40, Schwartzenbach introduziu um importante grupo de reagentes que formam complexos quelatos com metais. Estes reagentes são conhecidos como "complexonas", sendo a mais importante a $(HOOCCH_2)_2N-CH_2-CH_2-N(CH_2CCOOH)_2$, geralmente designada por EDTA e representada por H_4Y. É insolúvel em água, mas o seu sal dissódico Na2H2Y2 é muito solúvel:

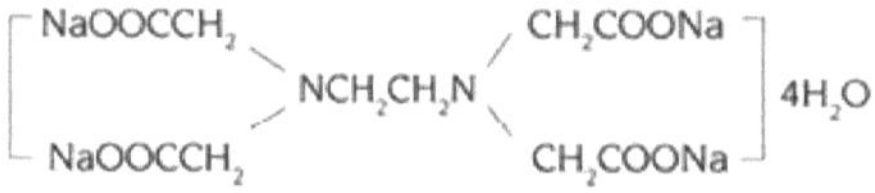

A espécie neutra do EDTA corresponde a um ácido tetraprótico (H4Y). Alguns dos seus equilíbrios de dissociação são apresentados de seguida:

$$H_4Y + H_2O \leftrightarrow H_3O^+ + H_3Y^- \quad Ka1 = 1.02 \times 10^{-2}$$

$$H_3Y^- + H_2O \leftrightarrow H_3O^+ + H_2Y^{-2} \quad Ka2 = 2.14 \times 10^{-3}$$

$$H_2Y^{-2} + H_2O \leftrightarrow H_3O^+ + HY^{-3} \quad Ka3 = 6.92 \times 10^{-7}$$

$$HY^{-3} + H_2O \leftrightarrow H_3O^+ + Y^{-4} \quad Ka4 = 5.50 \times 10^{-11}$$

Como em todos os ácidos polipróticos, a abundância das diferentes espécies depende do pH do meio. Isto pode ser observado na figura, onde as fracções de cada espécie são representadas em função do pH. Na figura 7.1, apresenta-se a distribuição das espécies de EDTA em função do pH.

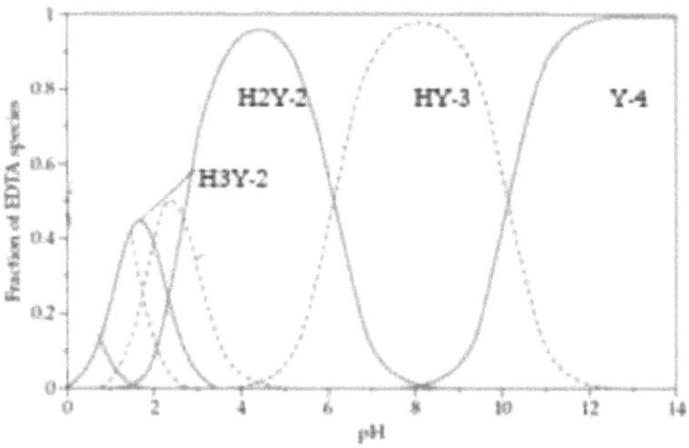

Fig. 7.1 Distribuição das espécies de EDTA em função do pH.

O EDTA forma complexos 1:1 com os iões metálicos, que podem ser esquematizados da seguinte forma:

$$M^+ + H_2Y^{-2} \leftrightarrow MY^{-3} + 2H^+$$

$$M^{+2} + H_2Y^{-2} \leftrightarrow MY^{-2} + 2H^+$$

$$M^{+3} + H_2Y^{-2} \leftrightarrow MY^{-1} + 2H^+$$

Os catiões com uma carga iónica elevada formam os complexos mais estáveis e existem em soluções mais ácidas. A estrutura tridimensional dos complexos metal-EDTA é apresentada na Figura 7.2.

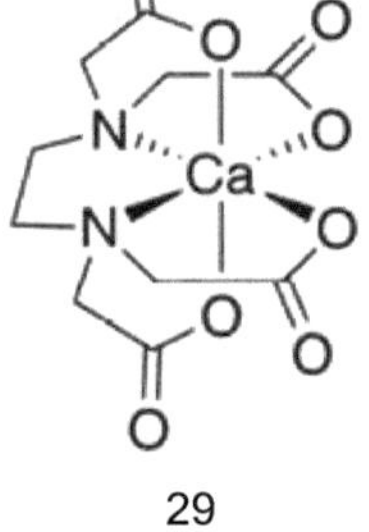

Fig. 7.2 Estrutura tridimensional do complexo Ca-EDTA

O cálcio, tal como o magnésio, forma estruturas muito semelhantes que podem ser expressas da seguinte forma:

$Ca^{+2} + H_2Y^{-2} \rightarrow CaY^{-2} + 2\,H^+$

$Mg^{+2} + H_2Y^{-2} \rightarrow MgY^{-2} + 2\,H^+$

O indicador da reação, quando se titula Ca+2 e Mg+2 em água, deve revelar a presença de um ligeiro excesso de Na2Y-2.

Um indicador muito utilizado para este fim é o negro de eriocromo T, que é utilizado para indicar quando todos os iões de cálcio e magnésio formaram um complexo com o EDTA. Quando uma pequena quantidade de negro de eriocromo azul T é adicionada à água a pH = 10, o indicador combina-se com o Mg+2 de acordo com a seguinte reação:

$Mg^{+2} + HIn^{+2}$ (azul) $\rightarrow MgIn^{-1}$ (rojo) $+ H^+$

$^{+2}$ $^{+2}$Durante a titulação de uma solução que contém Ca e Mg , o EDTA reage da seguinte forma:

1. $^{+2}$Primeiro com Ca até que a concentração de cálcio seja muito baixa:

$Ca^{+2} + H_2Y^{-2} \rightarrow CaY^{-2} + 2H^+$

2. Em seguida, com o Mg^{+2}

$Mg^{+2} + H_2Y^{-2} \rightarrow MgY^{-2} + 2H^+$

3. $^{-1}$De seguida, com o complexo indicador à base de magnésio, MgIn ou Mg-NET, de cor vermelha. O desaparecimento de parte da cor vermelha identifica o ponto de viragem. $^{+2-1-2}$Este desaparecimento é causado por um ligeiro excesso de EDTA, que separa o Mg vermelho do Mg-In vermelho, deixando o HIn azul (estável a pH=10).

Mg-NET (rojo) + EDTA $\leftrightarrow$ Mg-EDTA + NET (azul), o

$MgIn^{-1}$ (rojo) $+ H_2Y^{-2} \leftrightarrow MgY^{-2} + HIn^{-2}$ (azul) $+ H^+$

Dureza cálcica

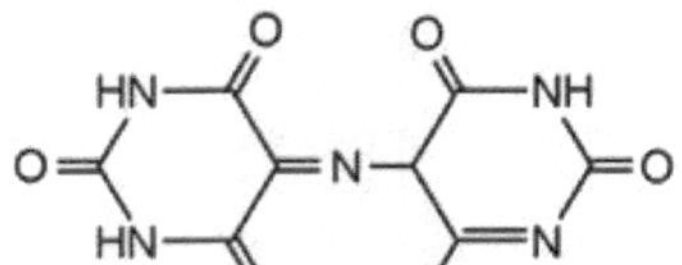

Quando uma solução de EDTA é adicionada à água que contém cálcio e magnésio, o EDTA reage com o cálcio e o magnésio.

primeiro com cálcio e depois com magnésio. Se o pH for suficientemente elevado para que o magnésio se precipite sob a forma de hidróxido e se for utilizado um indicador que se combine apenas com o cálcio, o teor de cálcio da água pode ser determinado diretamente. O indicador utilizado é o purpurato ou murexido de amónio, cuja fórmula é: C8H4O6N5 (NH4), misturado com cloreto de sódio. A reação pode assumir a forma seguinte: $^{+2}$O ião Ca , reage com o sal púrpura de murexido de sódio para dar origem a um complexo cor-de-rosa:

$2\,(C_8H_4O_6N_5Na)$ (púrpura) $+ Ca^{+2} \leftrightarrow (C_8H_4O_6N_5)_2Ca$ (rosa)

(cor-de-rosa)

Quando o EDTA é titulado com EDTA, este forma um complexo, primeiro com o cálcio que se encontrava na solução e depois com o cálcio que foi incorporado no indicador, voltando este à sua cor original e indicando o ponto final da titulação. A reação pode ser indicada da seguinte forma

$[Mur]_2Ca$ (rosa) + EDTA $\leftrightarrow$ EDTA-Ca + 2 [Mur] (purpura) (roxo)

A titulação com EDTA deve ser feita a um pH alcalino (entre 12 e 13), para que o ião magnésio se precipite como hidróxido e não reaja com o EDTA.

Dureza total (Ca + Mg)

A amostra de água é levada a pH 10 utilizando um tampão de cloreto de amónio e hidróxido de amónio e adicionando negro de eriocromo T como indicador. O indicador forma um composto vermelho-vinho, fracamente dissociado, com os iões magnésio. Durante a titulação com a solução titulante de EDTA, os iões de cálcio são primeiro removidos da solução, depois os iões de magnésio e, no ponto final, o magnésio, do complexo vermelho-vinho, magnésio-eriocromo T-preto, produzindo uma mudança de cor distinta de vermelho-vinho para azul.

A dureza total da água doce pode atingir uma concentração máxima de até 300 mg/L.

Material:

1 x 1 mL microbureta

1 suporte para micro

1 pipeta volumétrica de 3 mL

1 frasco Erlenmeyer de 25 ml

Reagentes:

EDTA 0,01 M

Eriocromo T preto

Solução tampão com pH = 10 (Dissolver 16,9 g de cloreto de amónio em 143 mL de hidróxido de amónio concentrado e diluir para 260 mL em água destilada).

Procedimento:

1 Colocar 3 mL da amostra de água no Erlenmeyer.

2 Adicionar 2 gotas de solução tampão com pH = 10 e agitar a amostra.

3 Com um tubo capilar ou uma pequena espátula, colocar alguns cristais do indicador negro eriocromo T (a solução adquire uma cor vermelho-vinho).

4 Titular com a solução de EDTA 0,01 M, gota a gota e agitando até a solução passar de vermelho-vinho a azul.

A dureza da água, expressa em mg $_{CaCO3/L}$, é calculada por meio da equação

$$\boldsymbol{Dureza = \frac{V_{EDTA} M_{EDTA} (100)(1000)}{V_{MUESTRA}}}$$

Dureza cálcica:

A amostra de água é levada a um pH de 12 utilizando uma solução de hidróxido de sódio para a precipitação do magnésio. O indicador murexido forma um complexo cor-de-rosa com o cálcio. Em seguida, titula-se com uma solução de EDTA até ao ponto de equivalência e a solução adquire uma cor púrpura.

Material:

1 x 1 mL microbureta

1 suporte para micro

1 pipeta volumétrica de 3 ml

1 frasco Erlenmeyer de 25 ml

Reagentes:

EDTA 0,01 M

Hidróxido de sódio 1 M

Murexido de sódio a 1% em cloreto de sódio

Procedimento:

1 Colocar 3 mL da amostra de água no frasco cónico.

2 Adicionar 2 gotas de solução de hidróxido de sódio 1M para obter um pH de aproximadamente 12.

3 Com o auxílio de uma pequena espátula, juntar uma quantidade muito pequena do indicador

murexido e mexer bem até obter uma coloração rosa.

4 Titular com EDTA 0,01 M até a solução passar de rosa pálido a púrpura. Para melhor apreciar esta mudança, recomenda-se a preparação de um branco, utilizando água destilada, solução de hidróxido de sódio e uma pitada de indicador de murexido.

A concentração do ião cálcio, expressa em mg/L, é calculada por meio da seguinte equação

$$Calcio = \frac{V_{EDTA}M_{EDTA}(40.08)(1000)}{V_{MUESTRA}}$$

A dureza do magnésio pode ser calculada como a diferença entre a dureza total e o teor de cálcio. A concentração de magnésio, expressa em mg/L, é determinada pela diferença entre os dois (tendo em conta os pesos moleculares):

$$Magnesio = \left[Dureza - \frac{Calcio\ (100)}{40.08}\right]\frac{24.30}{100}$$

Exemplo: Uma amostra de 3 mL de água de nascente é condicionada a pH=10 com solução tampão e é adicionada uma micro pitada de negro de eriocromo T. É titulada com 0,74 mL de solução de EDTA 0,01M. Calcular a dureza da água.

$$Dureza = \frac{(0.74)(0.01)(100000)}{3} = 246.66\ ppm$$

Exemplo: Uma amostra de 3 mL de água de nascente é levada a pH= 12 com NaOH e é adicionada uma micro pitada de indicador de murexido. Titular com 0,58 mL de solução de EDTA 0,01 M. Calcular a concentração de Cálcio e Magnésio na amostra de água.

Exemplo: Uma amostra de água de 3 mL é colocada num balão de 25 mL e são adicionadas 2 gotas de tampão, pH=10. É adicionada uma micro-pitada de negro de eriocromo T. É então titulada com uma solução de EDTA 0,01 M, utilizando 0,87 mL. Outra amostra de 3 mL de água é levada a pH 12 com NaOH e é adicionada uma micro-pitada de indicador de murexido. Titular com 0,73 mL de EDTA 0,01 M. Calcular a dureza total e as concentrações de cálcio e magnésio.

[290

Amostragem de água de gotejamento de estalactites no interior da gruta "El Nuevo San Joaqum" na Sierra Gorda Queretana.

CAPÍTULO 8

Determinação dos sulfatos.

Sulfatos em águas naturais.

Os sulfatos (SO_4^{-2}), depois dos bicarbonatos, são os principais aniões presentes na água; podem ocorrer naturalmente ou como consequência de descargas de águas industriais e da utilização de fertilizantes agrícolas. Quando os sulfatos ocorrem naturalmente, é possível que a sua origem se deva a depósitos minerais naturais ou à deposição atmosférica, Figura (8.1).

$^{-2}$O sulfato (SO_4) encontra-se em quase todas as águas naturais. A maioria dos compostos de sulfato tem origem na oxidação de minérios de sulfato, na presença de xistos e na existência de resíduos industriais. O sulfato é um dos principais constituintes dissolvidos da chuva. Uma concentração elevada de sulfato na água potável tem um efeito laxante quando combinado com cálcio e magnésio, os dois componentes mais comuns da dureza da água.

Os sulfatos são compostos que estão naturalmente presentes na água, devido à lavagem e dissolução parcial dos materiais presentes no solo através do qual esta flui (formações rochosas compostas principalmente por gesso e solos sulfatados). Foram encontradas concentrações elevadas tanto em águas subterrâneas como em águas superficiais de fontes naturais, ou seja, águas que não foram sujeitas a contaminação antropogénica. Estes compostos podem também aparecer na água através de resíduos e descargas industriais.

Os sulfatos, tal como aparecem na água potável, não são tóxicos, no entanto, em concentrações muito elevadas, foi observado um efeito laxante acompanhado de desidratação e irritação gastrointestinal. Estas águas têm um sabor amargo que é imediatamente rejeitado pelos consumidores. Assim, a presença de sulfatos na água potável pode provocar um gosto percetível para o consumidor, produzindo um sabor amargo ou medicinal intragável. Os limiares gustativos variam entre 250 mg/l e 1000 mg/l, consoante o tipo de sulfato associado ao sódio e ao cálcio, respetivamente. A alteração do sabor é considerada mínima para concentrações inferiores a 250 mg/l.

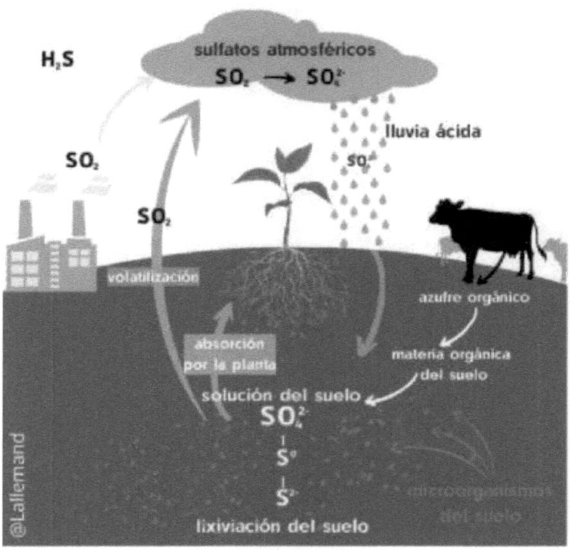

Fig. 8.1 O ciclo do enxofre na natureza e a formação do ião sulfato (SO_4^{2-}).

O ião sulfato também provém da lavagem de materiais sedimentares marinhos, da oxidação de sulfuretos e da decomposição de substâncias orgânicas. A dissolução do gesso (anidrite) fornece a maior quantidade de sulfato às águas subterrâneas. O ião sulfato está sujeito a processos de redução, especialmente na presença de bactérias e matéria orgânica.

Princípio teórico para a determinação de sulfatos.

O método de determinação dos sulfatos na água será sempre, sem dúvida, a precipitação como sulfato de bário. Existem várias propostas volumétricas para a sua determinação, no entanto, a precipitação tradicional. Este continuará a ser o método mais cómodo. O ião sulfato em solução é determinado por precipitação com cloreto de bário, numa solução fracamente acidificada com ácido clorídrico:

$$SO_4^{-2} + BaCl_2 \rightarrow BaSO_4 + 2\,Cl^{-1}$$

O precipitado branco de sulfato de bário apresenta propriedades físicas que permitem a sua análise por métodos gravimétricos ou, se for caso disso, nefelométricos ou turbidimétricos.

$_4$ $^{-10}$O Kps do BaSO a 25°C é 1,3 x 10 . Então a solubilidade deste composto, expressa em g/100 mL, pode ser obtida pelo seguinte cálculo:

$$BaSO_4 \rightarrow Ba^{+2} + SO_4^{-2}$$

$$Kps = [Ba^{+2}][SO_4^{-2}] = s \times s = s^2$$

$$s = \sqrt{K} \quad \sqrt{1} \qquad \text{mol/L}$$

$$(1.14 \times 10^{-5}\ \text{mol/L})(233.3\ \text{g/mol})(0.1\ \text{L/100 mL}) = 2.7 \times 10^{-4}$$

$_2$ $^{-6}$O Kps do BaCl a 25°C é 2,9 x 10 . Então a solubilidade deste composto, expressa em g/100 mL, pode ser calculada por:

$$BaCl_2 \rightarrow Ba^{+2} + 2\,Cl^{-1}$$

$$\qquad\quad s \qquad 2s$$

$$Kps = [Ba^{+2}][Cl^{-1}]^2 = s \times (2s)^2 = 4s^3$$

$$\sqrt{\ /\ } \quad \sqrt{\ /\ } \qquad \text{mol/L}$$

$^{-3}$(8,98 x 10 mol/L)(208,2 g/mol)(0,1 L/100 ml)= 0,186 g

Observa-se uma maior insolubilidade do BaSO4.

Suponhamos que uma amostra de água contém 100 ppm de sulfato (SO4-2), ou seja, 100 mg/L. Isto representaria aproximadamente uma solução 0,0014 M de SO4-2. Isto representaria aproximadamente uma solução 0,0014 M de SO4-2. $^{-10-2}$Então, como o Kps do BaSO4 é 1,3 x 10 , pode-se calcular os gramas de BaCl2 que podem ser adicionados a 50 mL de uma solução 0,0014 M de SO4 para iniciar a precipitação. $^{+2}$O BaCl2 é um sal solúvel que deixa iões Ba em solução. A precipitação ocorrerá da seguinte forma:

$$SO_4^{-2} + Ba^{+2} \rightarrow BaSO_4\ (\text{blanco})$$

$$Pc = [SO_4^{-2}]\,[Ba^{+2}] = Kps$$

(branco)

A dissociação do sulfato de bário:

$$BaSO_4 \leftrightarrow Ba^{+2} + SO_4^{-2}$$

O sulfato de bário começa a precipitar quando:

$$[Ba^{+2}]\,[SO_4^{-2}] = 1.3 \times 10^{-10}$$

$$[Ba^{+2}] = 1.3 \times 10^{-10} / 0.0014 = 9.28 \times 10^{-8}$$

$$(9.28 \times 10^{-8})\,(208.2) = 1.93 \times 10^{-5}\,(0.05) = 9.65 \times 10^{-7}\,g$$

O método de determinação dos sulfatos consiste na precipitação dos iões sulfato em meio ácido sob a forma de sulfato de bário:

$$SO_4^{-2} + BaCl_2 \rightarrow BaSO_4\,(\text{blanco}) + 2\,Cl^{-1}$$

Este precipitado branco leitoso pode ser analisado turbidimetricamente, com balanças previamente estabelecidas por algumas marcas comerciais, utilizando tubos de vidro e pontos de referência nefelométricos. Este método seria muito mais rápido do que o método gravimétrico, que consiste em pesar o sulfato de bário obtido. Pode ser menos exato, mas o tempo de realização é muito mais curto.

Material:

1 copo de 250 ml

1 tubo de vidro com escala para medição de sulfato (propõe-se a utilização do kit de teste de sulfato HI 38000. Este tubo pode medir concentrações de 10 a 100 ppm).

Reagentes:

Solução de condicionamento: 50 mL de glicerina são misturados com uma solução contendo 30 mL de ácido clorídrico concentrado, 300 mL de água destilada, 100 mL de álcool etílico a 95% e 75 g de NaCl.

Cloreto de bário (pode ser utilizado sal hidratado).

Procedimento:

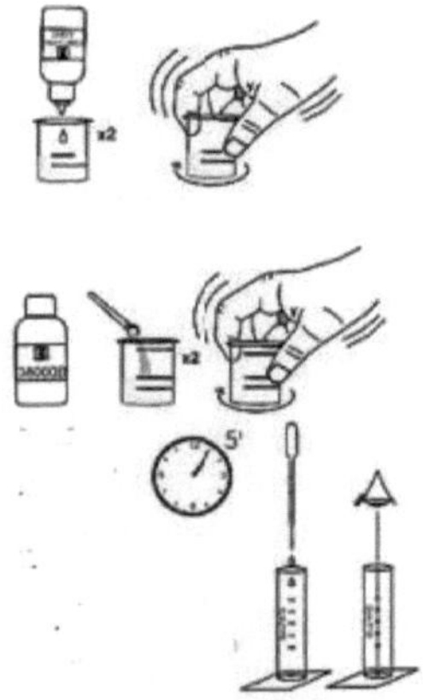

Num copo de 250 mL, colocar 50 mL de amostra de água e adicionar cerca de 3 gotas da solução de condicionamento. Agitar e adicionar uma pequena "pitada" de cloreto de bário em cristais. Agitar a mistura até que todo o cloreto de bário adicionado esteja dissolvido. A solução tornar-se-á branca leitosa devido à formação do precipitado de sulfato de bário. Deixar repousar durante cerca de cinco minutos. Colocar o tubo de medição na posição vertical e adicionar a solução de amostra, gota a gota, até que a marca no fundo do tubo deixe de ser visível. Faz-se então a leitura direta no tubo, que dá uma indicação aproximada da quantidade de sulfato na amostra.

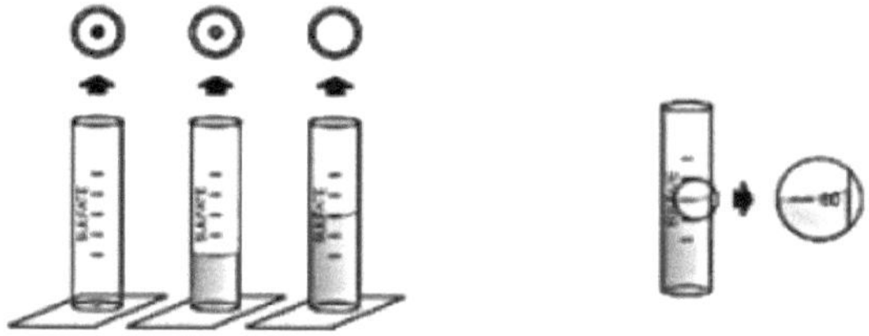

A leitura deve ser feita diretamente no tubo, sendo indicada a concentração de sulfato em mg/L.

Sulfatos = leitura direta no tubo

CAPÍTULO 9

Determinação do sódio e do potássio

Sódio e potássio em águas naturais.

O sódio é um elemento abundante e amplamente disseminado em muitos solos e rochas, e é o principal catião em muitas águas naturais associadas a sedimentos argilosos, xistos marinhos, evaporitos e na água do mar. Todos os sais de sódio são muito solúveis em água, pelo que é comum encontrar águas contendo sódio. As concentrações de sódio nas águas naturais variam entre menos de 1 mg/L em águas correntes, em zonas de elevada pluviosidade, e mais de 100 000 mg/L em águas superficiais e subterrâneas associadas a depósitos de halite em zonas áridas. Para além das fontes naturais de sódio, as águas residuais, os efluentes industriais, as salmouras dos campos petrolíferos e os sais de degelo podem contribuir com sódio para as águas superficiais e subterrâneas. A sua concentração na água doce pode variar entre 1 e 150 ppm. A NOM-127-SSA-1994 estabelece um limite de até 200 ppm. O sódio na água potável pode ser prejudicial para as pessoas que sofrem de doenças cardíacas, renais e circulatórias e para as mulheres com toxemias da gravidez. Concentrações elevadas de sódio são tóxicas para a maioria das plantas.

O potássio encontra-se na natureza sob a forma iónica ou molecular. É um elemento muito reativo que reage vigorosamente com o oxigénio e a água. O potássio na água está intimamente relacionado com o sódio e é por vezes analisado em conjunto. Provém da meteorização de feldspatos e da dissolução de depósitos de evaporitos. Embora o potássio seja apenas ligeiramente menos comum do que o sódio nas rochas ígneas e seja mais abundante nas rochas sedimentares, a concentração de potássio na maioria das águas naturais é muito inferior à concentração de sódio (a relação 90/10 é muito comum). O potássio é libertado dos minerais de silicato com mais dificuldade do que o sódio e é mais facilmente absorvido pelos minerais de argila e reincorporado em produtos sólidos de meteorização. Concentrações de potássio superiores a 20 mg/L são invulgares nas águas naturais. A sua concentração pode variar entre 0,1 e 10 ppm. Em águas salobras ou quentes de nascente pode ser superior a 100 ppm. Grandes concentrações de potássio na água potável podem atuar como purgativo, mas a gama de concentrações de potássio na maioria dos abastecimentos domésticos raramente causa tais problemas.

$^{++}$**Determinação do sódio + potássio (Na + K).**

Os métodos recomendados para a determinação do sódio e do potássio implicam a utilização de espectrofotómetros de absorção atómica ou de fotómetros de emissão de chama. Este facto torna estas determinações muito dispendiosas. No entanto, para a prática normal de análise de águas naturais e, sobretudo, quando se efectuam determinações no terreno, o procedimento pode ser utilizado como sódio + potássio calculado. A expressão acima refere-se a valores calculados e não efetivamente determinados.

Os elementos alcalinos são normalmente indicados como Na + K, pela diferença da concentração de aniões e catiões. O valor calculado, apesar das suas limitações, é útil para muitos fins na determinação da qualidade da água. O cálculo é feito através da determinação dos outros catiões e aniões mais representativos presentes na água em miliequivalentes por litro (meq/L). O valor da diferença entre a soma dos aniões em meq/L e a soma dos catiões em meq/L é assumido como sendo igual à quantidade de sódio mais potássio presente na água e é obtido da seguinte forma

$$\mathbf{Na^+ + K^+ = \sum aniones - \sum cationes}$$

Aniões e catiões mais representativos das águas naturais:

Aniões	Catiões
Bicarbonato HCO_3^{-1}	Cálcio Ca^{+2}
Sulfatos SO_4^{-2}	Magnésio Mg^{+2}
Cloretos Cl^{-1}	

Estas determinações são geralmente apresentadas em ppm ou mg/L. Para a conversão direta de mg/L para meq/L, podem ser utilizados os seguintes factores

Os principais leões	Fator
$Ca+^{2}$	0.04990
Mg+2	0.0822
$HCO3^{-1}$	0.0164
$SO4^{-2}$	0.02082
Cl^{-1}	0.0282

Exemplo 1: Uma amostra de água de nascente tem a seguinte composição química:

Espécies químicas	Concentração em mg/L
$Ca+^{2}$	92.18
Mg+2	14.58
$_{3}$HCO '1	233.
$SO4^{-2}$	82
Cl'^{1}	15.75

Com estes dados, calcular a concentração de sódio e potássio pelo método calculado (Na + K).
Em primeiro lugar, efectua-se a conversão de unidades de mg/L para meq/L. Em seguida, somam-se os meq/L de catiões e os meq/L de aniões. A diferença entre eles corresponde ao (Na + K). Para calcular a concentração de sódio e potássio, estabelece-se uma relação de 90/10.

Catiões (meq/L)	Aniões (meq/L)
^{2}Ca+ = 92,18 x 0,04990 = 4,59	$_{3}^{-1}$HCO = 233x 0,0164 = 3,82
^{2}Mg+ = 14,58 x 0,0822 = 1,19	$_{4}^{-2}$SO = 82 x 0,02082 = 1,71
	$^{-1}$Cl = 15,75 x 0,0282 = 0,44
Σ = 5.78	Σ = 5.97

$^{++}$[Na + K] = 5,97 - 5,78 = 0,19 meq/L

Calcular o rácio de sódio e potássio considerando o rácio 90/10:
$^{+1}$Na = (0,19)(0,9) = 0,171/0,0435 = 3,93 mg/L
$^{+1}$K = (0,19)(0,10) = 0,019 /0,025 = 0,76 mg/L
Exemplo 2: Uma amostra de água tem a seguinte composição:
$^{+2}$[Ca] = 80,16 mg/L
$^{+2}$[Mg] = 4,03 mg/L
$^{-1}$[HCO3] = 233,0 mg/L
$^{-2}$[SO4] = 25,0 mg/L
$^{-1}$[Cl] = 2,0 mg/L
Determinar a concentração de sódio e potássio na amostra de água:

Catiões (meq/L)	Aniões (meq/L)
$^{+2}$Ca = 80,16 x 0,04990 = 3,99	$_{3}^{-1}$HCO = 233x 0,0164 = 3,82
$^{+2}$Mg = 4,03 x 0,0822 = 0,33	$_{4}^{-2}$SO = 25 x 0,02082 = 0,52
	$^{-1}$Cl = 2 x 0,0282 = 0,0,056
Σ = 4.32	Σ = 4.39

$^{+}$[Na+ + K] = 4,39 - 4,32 = 0,07 meq/L

O rácio de sódio e potássio é calculado considerando o rácio 90/10:
$^{+1}$Na = (0,07)(0,9) = 0,7733/0,0435 = 3,38 mg/L
$^{+1}$K = (0,07)(0,1) = 0,007/0,025 = 0,28 mg/L
$_{3}^{-1-1-2+2+2}$Os elementos mais frequentemente medidos em condições de campo são: temperatura, pH, condutividade eléctrica; bem como análises químicas à microescala para HCO , Cl , SO4 , Ca e Mg . $^{++}$Os elementos alcalinos são normalmente indicados como Na + K , através da diferença eléctrica de aniões e catiões. Além disso, pode ser preservada uma réplica da mesma amostra e recolhida para fotometria.

CAPÍTULO 10

Equilíbrio aniónico e catiónico numa análise química.

Unidades químicas para comunicar uma análise.

As substâncias dissolvidas na água podem estar na forma molecular ou iónica, mas nas águas subterrâneas a forma iónica é a mais importante. ++2+2-1-2Normalmente, trata-se de iões simples, como os catiões Na , Ca , Fe ou aniões simples, como Cl , SO4 . Menos frequentemente, existem iões complexos, por exemplo, Fe ou outros metais pesados, formados à custa de substâncias orgânicas ou mesmo de ácido carbonoso; estes complexos podem ser aniónicos ou catiónicos. Algumas das substâncias dissolvidas encontram-se na forma molecular não iónica, frequentemente em equilíbrio com espécies iónicas. Assim, o ácido carbonoso mantém o equilíbrio:

$$H_2CO_3 \leftrightarrow HCO_3^{-1} + H^+$$

-1-1-1Outras substâncias estão parcialmente dissociadas, dando origem a iões como HCO3 , SH , H3SiO4 , etc., em equilíbrio, com a forma molecular e a forma totalmente dissociada, ou com maior grau de dissociação. Nas águas subterrâneas naturais classificadas como doces, a maior parte das substâncias dissolvidas encontram-se totalmente ionizadas (a principal exceção é a sílica sob a forma de (H4SiO4), sendo por isso consideradas no estado iónico.

Expressão das concentrações

A concentração de diferentes iões e substâncias dissolvidas pode ser expressa de diferentes formas:

Parte por milhão (ppm). É o grama num milhão de gramas ou mg/kg. É a forma mais comum de exprimir a concentração de uma solução muito diluída.

Miligrama por 1 litro (mg/L). Significa por litro de solução. Se a concentração total de sal não exceder 5000 ppm, a densidade da água é aproximadamente 1,0 e, por conseguinte, 1 ppm = 1 mg/l.

Para concentrações totais mais elevadas, a densidade é um pouco superior a 1,0 e a medição em ppm é um pouco inferior à medição em mg/1. No entanto, os erros são pequenos, mesmo para a água do mar.

Nas expressões químicas, os pesos das substâncias dissolvidas são substituídos pelo número de moles ou pelo número de equivalentes.

$$\textit{Número de moles} = \frac{\textit{peso da substância}}{\textit{peso molecular}}$$

$$\textit{Número de equivalentes} = \frac{\textit{peso da substância}}{\textit{peso equivalente}}$$

$$\textit{Peso equivalente} = \frac{\textit{peso molecular}}{\textit{número de electrões o Valencia}}$$

Miliequivalentes por litro de solução (meq/L). É muito utilizado na análise química porque permite a comparação direta de iões. O número de equivalentes por litro é designado por normalidade.

-2Por exemplo, para determinar o meq/L de uma solução que contém 150 ppm (mg/L) de SO4, faz-se o seguinte

-2Massa molecular do ião SO4: 32 + (16 x 4) = 96

Peso equivalente do ião (tem valência dois): 96/2 = 48

150 ppm = 150 mg/L, 150/48 = 3,12 meq/L

*2Calcular o meq/L de uma amostra de água com 280 ppm de Ca :

+2Peso molecular do ião Ca : 40

Peso equivalente: 40/2 = 20

280/20 = 14 meq/L

Abaixo encontra-se uma tabela com factores diretos para converter uma concentração em ppm ou mg/L para meq/L dos principais iões em águas naturais:

Substância	Peso molecular	Fator
HCO3-1		0.0164
$SO4^{-2}$		0.0208
Cl^{-1}	35.345	0.028
Ca+2	40	0.05
Mg+2	24.3	0.0823
Na^{+1}	23	0.0434
K^{+1}	39.1	0.0255

Tabela 10.1 Factores de conversão para unidades químicas. Conversão de ppm para meq/L.

As análises químicas têm formas e conteúdos muito diferentes consoante o fim a que se destinam. Frequentemente, consistem apenas numa ou em algumas determinações. Quando se pretende determinar as propriedades químicas mais importantes de uma água, são normalmente determinados os iões básicos e algumas outras caraterísticas. Assim, a chamada análise completa de uma água -1-1-2 ---+1+1+2+2contém a determinação da alcalinidade como HCO3 , Cl , SO4 , Na e K , Ca e Mg ou a soma de ambos como dureza. -1-2Além disso, são normalmente determinados a condutividade e/ou o resíduo seco, o pH, a matéria orgânica, o NO3 , o SiO2 e, se necessário, o CO3 e o Fe, embora estes últimos não sejam geralmente importantes em termos de quantidade. Se necessário, podem ser acrescentadas outras determinações de outros iões ou caraterísticas.

Numa análise química completa, deve verificar-se que: a soma dos miliequivalentes dos aniões = a soma dos miliequivalentes dos catiões:

$r(HCO_3^{-2} + SO_4^{-2} + Cl^{-1} + NO_3^{-2}) = r(Na^{+1} + K^{+1} + Ca^{+2} + Mg^{+2})$ em que r = meq/L. +1-1Embora o K e o NO3 possam, em geral, ser negligenciados se a água não estiver poluída. Na prática, existe uma diferença entre os dois valores, que se deve aos erros acumulados das determinações individuais e à não consideração das contribuições iónicas menores. Se houver uma diferença muito grande, esta só pode ser devida à presença de quantidades anormais de iões menores ou a um erro analítico grave. A precisão da análise química é controlada por vários métodos, incluindo a diferença em miliequivalentes por litro entre aniões e catiões, que não deve exceder um determinado valor:

$$error\ (\%) = \frac{\sum aniones - \sum cationes}{\sum aniones + \sum cationes} x\ 200$$

Quando se determina uma [Na + K] calculada numa análise. Estas quantidades não são utilizadas na equação. Uma vez que o resultado seria zero. O erro admissível depende um pouco da concentração e do tipo de água, mas a título indicativo pode considerar-se a condutividade eléctrica em (pS/cm):

pS/cm	50	200	500	2000	>2000
% de erro	30	10	8		

Nas análises de rotina, é por vezes possível admitir erros ligeiramente superiores. +1+1Se uma análise apresentar um erro praticamente nulo, suspeita-se que este tenha sido corrigido ou que o Na e o K tenham sido determinados por diferença.

Exemplo: Uma análise de água apresenta os seguintes resultados (Na + K. foram determinados por diferença).

-1 +[HCO3] = 183,3 ppm [Ca] = 62,79 ppm

-2+2[SO4] = 50,0 ppm [Mg] = 3,24 ppm

-1[Cl] = 2,0 ppm

6A análise está correta? Sem considerar [Na + K], calcula-se o meq/L de cada espécie química analisada:

$[HCO_3^{-1}] = (183.3)(0.0164) = 3.0$ meq/L
$[SO_4^{-2}] = (50.0)(0.0208) = 1.04$ meq/L
$[Cl^{-1}] = (2.0)(0.028) = 0.056$ meq/L
$\sum$ aniones = 4.096 meq/L

$[Ca^{+2}] = (62.79)(0.05) = 3.14$ meq/L
$[Mg^{+2}] = (3.24)(0.0823) = 0.267$ meq/L
$\sum$ cationes = 3.407 meq/L

$$\% \, error = \frac{4.096 - 3.407}{4.096 + 3.407}(200) = 18.36$$

Como a taxa de erro é superior a 10%, é provável que haja um erro nalguma determinação. No entanto, não está muito longe dos 10% permitidos. E pode assumir-se que a análise está dentro de um intervalo aceitável.

Atualmente, existem programas informáticos para o tratamento de dados hidroquímicos, entre os quais podemos citar: EASYQUIM, DIAGRAMS, SAPHIQ ,
ACUACHEM, PHREEQC e AqQA, que serão abordados no capítulo seguinte. Estes programas, no seu algoritmo, também estabelecem um critério para determinar se a análise química está correta ou não.

No exemplo anterior, uma vez calculado o [Na + K] por diferença aniónica e catiónica e introduzidos os dados solicitados pelo programa, obtém-se o seguinte resultado:

Coerência interna

Testes primários		
Equilíbrio anião-catião		
Aniões	4.01	
Catiões	4.11	
Diferença em %	1.204	OK

Se aparecer OK no programa, isso significa que a análise está correta.

Quando uma análise química apresenta muitos erros, aparece um NÃO no programa, como se mostra a seguir:

Coerência interna

Ensaios primários	4.88
Equilíbrio anião-catião	10.1
Aniões	34.890 Não dentro de = 2% Não dentro de = 2% Não dentro de
Catiões	= 2% Não dentro de = 2% Não dentro de = 2% Não dentro de =
Diferença em %	2%

Exemplo: Uma amostra de água tem a seguinte análise química. Verificar a exatidão dos resultados.

$[HCO_3^{-1}] = 220$ ppm $\quad [Ca^{+}] = 82.2$ ppm
$[SO_4^{-2}] = 98.3$ ppm $\quad [Mg^{+2}] = 17.9$ ppm
$[Cl^{-1}] = 78.0$ ppm $\quad [Na^{+1}] = 46.4$ ppm
$[NO_3^{-1}] = 25.6$ ppm $\quad [K^{+1}] = 15.5$ ppm

$[HCO_3^{-1}] = (220)(0.0164) = 3.608$
$[SO_4^{-2}] = (98.3)(0.0208) = 2.044$
$[Cl^{-1}] = (78.0)(0.028) = 2.184$
$[NO_3^{-1}] = (25.6)(0.016) = 0.409$
$\sum$ aniones = 8.245 meq/L

$[Ca^{+2}] = (82.2)(0.05) = 4.101$
$[Mg^{+2}] = (17.9)(0.0823) = 1.473$
$[Na^{+1}] = (46.4)(0.0434) = 2.013$
$[K^{+1}] = (15.5)(0.0255) = 0.395$
$\sum$ cationes = 7.982

$$\% \, error = \frac{8.245 - 7.982}{8.245 + 7.892}(200) = 3.25$$

Com o programa AqQA:

▾ Internal Consistency

Primary Tests

Anion-Cation Balance

Anions	7.84	
Cations	7.98	
% Difference	0.923	OK

Measured TDS = Calculated TDS

Exemplo: Uma amostra de água apresenta os seguintes resultados, os [Na+K] foram calculados por diferença.

$[HCO_3^{-1}]$ = 53 ppm, $[Cl^{-1}]$ = 8 ppm, $[SO_4^{-2}]$ = 39 ppm,
$[Ca^{+2}]$ = 57 ppm, $[Mg^{+2}]$ = 22 ppm [Na+K] = 26 ppm

Conversión a meq/L:

$[HCO_3^{-1}]$ = 0.87	$[Ca^{+2}]$ = 2.6
$[SO_4^{-2}]$ = 1.09	$[Mg^{+2}]$ = 1.81
$[Cl^{-1}]$ = 0.22	

$$\%\ error = \frac{2.18 - 4.41}{2.18 + 4.41}(200) = -67.68$$

Utilizar o programa AqQA:

▾ Internal Consistency

Primary Tests

Anion-Cation Balance

Anions	1.9	
Cations	5.47	
% Difference	48.451	Not within ± 0.2meq/L

Quando há suspeitas sobre o resultado de um teste e, sobretudo, quando o programa dá um resultado insatisfatório. A melhor coisa a fazer é repetir a análise. Se o equilíbrio de aniões e catiões não for suficientemente exato, o problema pode também ser analítico ou estar em falta um constituinte.

Na maioria das análises efectuadas em águas superficiais como ribeiras, nascentes, gotas de estalactites, verificou-se sempre que, uma vez os resultados em ppm, quando convertidos para meq/L, a soma dos aniões é sempre superior à soma dos catiões, o que significa que a falta de cargas positivas para a neutralidade de carga se deve principalmente à soma de [Na + K].

CAPÍTULO 11

Representação gráfica da análise das águas naturais.

Os dados da análise da água podem ser apresentados sob a forma de gráficos para facilitar a comparação visual. A representação gráfica dos dados hidroquímicos constitui uma ferramenta de trabalho muito eficaz na interpretação das propriedades da água, bem como para efetuar comparações. Também facilita a visualização do comportamento e da evolução de uma água num determinado território e ao longo do tempo. Entre os métodos gráficos mais utilizados encontram-se os seguintes: diagrama de barras, diagrama circular, diagrama de Stiff, diagrama triangular de Piper e diagrama de Schoeller.

Diagrama de barras

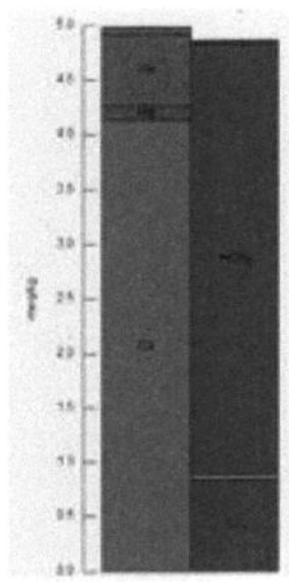

Os diagramas de barras ou de colunas têm sido amplamente utilizados devido à sua simplicidade. Foram provavelmente os primeiros a ser utilizados. A composição química pode ser expressa em mg/L, meq/L ou % meq/L. $^{-1-1-2+++2+2}$A forma mais comum consiste em apresentar na coluna da direita as percentagens dos miliequivalentes dos aniões: $rHCO_3$, rCl , rSO_4 de cima para baixo e na coluna da esquerda: rK , rNa , rMg , rCa .

Diagrama circular

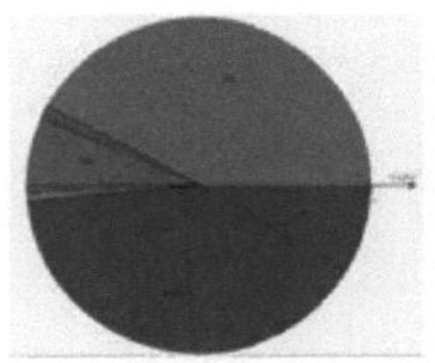

O diagrama circular exprime a composição por meio de um círculo, cujos ângulos são proporcionais às concentrações e os seus raios ou diâmetros aos sólidos totais dissolvidos, sendo a soma dos catiões e dos aniões igual a 180°. É um método útil para expressar a composição no mapa de uma área.

Diagrama rígido

O diagrama de Stiff (1951) utiliza um sistema de eixos horizontais paralelos e um eixo vertical. Em cada um deles é colocado um ião específico. $^{+2+2+1-2-1-1}$Uma forma adequada é colocar as concentrações meq/L dos iões rMg , rCa e rNa+K nos eixos da esquerda, de cima para baixo, e, pela mesma ordem, nos eixos da direita, os iões rSO_4 , $rHCO_3$ e rCl, de cima para baixo. Este método permite apreciar e comparar rapidamente os diferentes tipos de água quando estes se encontram em quantidades limitadas. É particularmente útil quando se pretende avaliar as alterações do comportamento de uma água ao longo do tempo, devidas a efeitos climáticos, hidrogeológicos ou antropogénicos (Fig. 11.1).

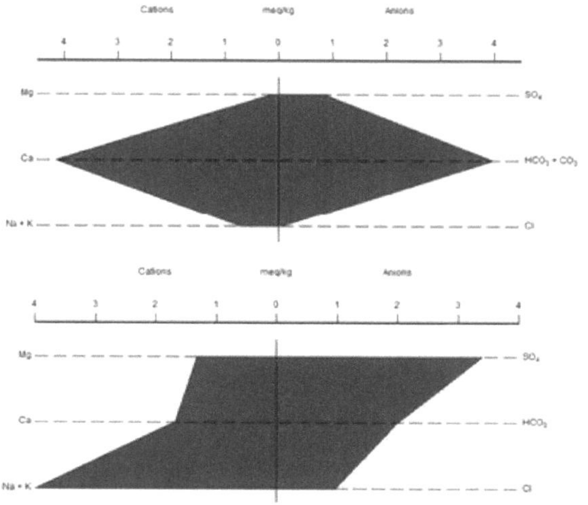

Fig. 11.1 Diagramas rígidos para amostras de águas subterrâneas da Sierra Gorda de Queretaro (em cima), e da parte sul do Estado (em baixo).

Diagrama de Piper

Este diagrama é também uma representação gráfica da análise química, agrupando a água em famílias que recebem o nome dos iões principais que se encontram em maior proporção na amostra. É constituído por dois triângulos, um para os catiões e outro para os aniões, e finalmente por uma figura em forma de diamante situada no centro (Fig. 11.2).

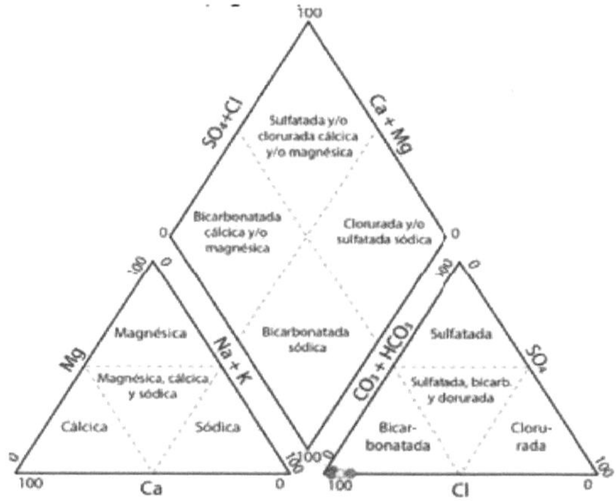

Fig. 11.2 Diagrama de Piper, para a classificação das águas subterrâneas.

Os lados dos triângulos são usados para dar as proporções dos iões. Os valores são apresentados como percentagens do total de aniões e catiões ou em meq/L. Assim, cada análise de água resulta num ponto no triângulo de catiões à esquerda e num ponto no triângulo de aniões à direita. Estes pontos são projectados diagonalmente para cima, paralelamente às diagonais dos triângulos e um novo ponto é formado no losango na intersecção dos dois. Estes diagramas são utilizados para classificar as águas em função da sua posição no losango. Quando se recolhem amostras do mesmo aquífero durante um certo período de tempo, é possível estabelecer a evolução que a água está a seguir.

Diagramas de Schoeller.

Estes são os chamados diagramas verticais para a representação gráfica da composição química de um grupo de amostras. Nestes diagramas, a concentração (em meq/L, ou % meq/L) é colocada no eixo das ordenadas e no eixo das abcissas os diferentes iões presentes. A variante mais utilizada é a proposta por Schoeller (Fig. 11.3), na qual a composição química é expressa em unidades logarítmicas.

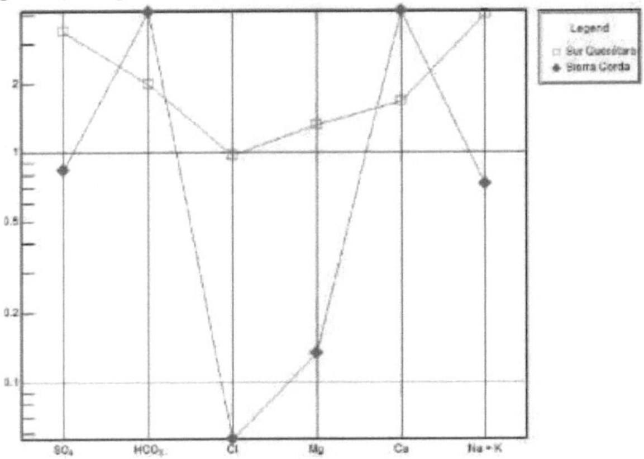

Fig. 11.3 Diagrama de Schoeller para amostras de água da parte sul de Querétaro e do Estado de Sierra Gorda.

Este diagrama utiliza uma disposição dos iões em linhas verticais paralelas igualmente espaçadas em escalas logarítmicas (em ppm ou meq/L). Os pontos são unidos por uma linha quebrada. É um diagrama apropriado para mostrar as semelhanças químicas das águas subterrâneas. Também é adequado para estudar a evolução temporal da água num mesmo ponto.

Utilizando uma escala semi-logarítmica para representar as concentrações iónicas, com a vantagem de permitir a visualização de várias amostras. É adequado para estudar a evolução temporal das águas num mesmo local e a sua variação composicional em diferentes locais.

São dispostos vários raios verticais paralelos ou colunas igualmente espaçados e divididos numa escala logarítmica e com o mesmo módulo. A cada raio está associado um anião ou um catião, exceto na primeira coluna que não tem qualquer ião associado e cuja unidade de medida é em meq/L.

Rock Were Programa AqQA

É um software muito fácil de utilizar e de usar para o processamento de dados hidroquímicos. Sugiro este programa, pois utilizo-o há muitos anos. Para descarregar o programa é necessário adquirir uma licença de utilização reservada. Com este programa é possível produzir diagramas de Piper e Stiff e 8 outros tipos de diagramas hidroquímicos. Efectua a conversão automática de unidades. Verifica a coerência interna das análises de água segundo determinados critérios. Gere os dados da água numa folha de cálculo. É um programa criado para quem utiliza dados químicos da água. Calcula as propriedades dos fluidos, como o tipo de água, TDS, dureza, condutividade, índices de saturação. Os dados da análise são introduzidos numa folha de cálculo e, com um simples clique no separador de análise de dados, verificamos a consistência da nossa análise e muitas propriedades da água são automaticamente calculadas. Com outro clique no separador "novos gráficos", podem ser criados automaticamente 11 tipos diferentes de diagramas hidrográficos.

De seguida, apresento o procedimento simples deste programa para a avaliação de duas amostras de água: uma corresponde a águas subterrâneas da parte norte do estado de Querétaro e a outra à parte sul ou vale do estado. Os resultados da análise destas duas águas são apresentados de seguida:

Amostra A-1 (Águas da região de San Joaquin, Qro.)

Amostra A-2 (águas subterrâneas da parte sul do vale de Querétaro).

Amostra A-1		Amostra A-2	
Temperatura	20.9	Temperatura	24.7
pH	7.9	pH	8.7
ORP	27 mV	ORP	-5,20 mV
CE	500 pS/cm	CE	1217 pS/cm
SDT	249 ppm	SDT	769 ppm
Dureza	264,3 ppm	Dureza	
$HCO3^{-1}$	233,9 ppm	HCO_3^{-1}	396,5 ppm
$SO4^{-2}$	80 ppm	SO4-2	50 ppm
Cl^{-1}	20,3 ppm	Cl^{-1}	72,5 ppm
Ca+2	79,94 ppm	Ca+2	2,40 ppm
Mg+2	18,03 ppm	Mg+2	1,80 ppm
Na+	13,54 ppm	Na+	232,7 ppm
K+	2,63 ppm	K+	3,80 ppm

Vamos utilizar o programa AqQA passo a passo, comentando algumas observações que podem ser úteis. Este programa é muito fácil de utilizar e os diagramas apresentados, bem como as informações calculadas que oferece, são de muito boa qualidade.

1 Quando a licença do software tiver sido instalada, verá a autorização de utilização do software e o tipo de licença.

2 O programa envia-nos para uma folha de Excel para incluir a análise ppm, mg/L ou mg/kg.

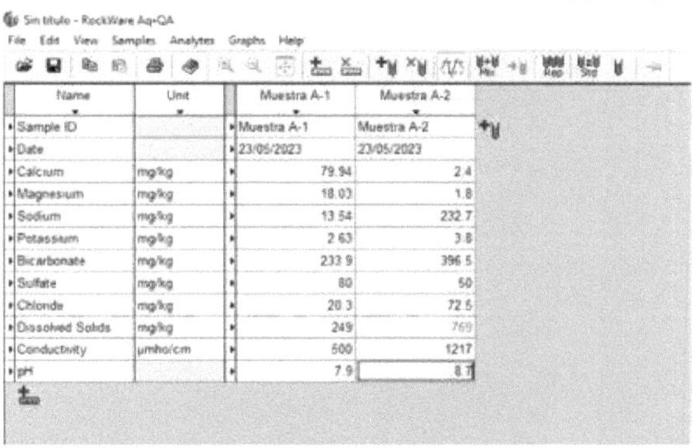

3.- Clique no separador Análise de dados e verá: propriedades da água analisada, consistência interna que avalia as análises efectuadas, balanço de carbonatos, tipo de água para irrigação e geotermómetros.

Amostra A-1:

Sin título - RockWare Aq-QA

File Edit View Samples Analytes Graphs Help

Sample Muestra A-1

▼ Fluid Properties

Water Type	Ca-HCO_3		
Dissolved Solids	249 mg/kg	248.31 mg/L	Measured
Density	0.99722 g/cm^3		Calculated
Conductivity	500 μmho/cm		Measured
Hardness (as $CaCO_3$)			
Total	273.86 mg/kg	273.1 mg/L	Calculated
Carbonate	273.86	273.1	
Non-Carbonate	0.0	0.0	

▼ Internal Consistency

Primary Tests		
Anion-Cation Balance		
Anions	5.97	
Cations	6.11	
% Difference	1.169	OK
Measured TDS = Calculated TDS		
Measured	249.000	
Calculated	448.340	
Ratio	0.555	Not within range 1.0 to 1.2
Measured EC = Calculated EC		
Measured	500.000	
Calculated	565.958	
Ratio	0.883	Not within range 0.9 to 1.1
Secondary Tests		
Measured EC and Ion Sums:		
Anions	1.194157	Not within preferred range (0.9-1.1)
Cations	1.222411	Not within preferred range (0.9-1.1)
Calculated TDS to EC ratio	0.897	Not within preferred range (0.55-0.7)
Measured TDS to EC ratio	0.498	Not within preferred range (0.55-0.7)
Organic Mass Balance		
DOC ≥ Sum of Organics		
DOC unavailable		

▼ Carbonate Equilibria

Speciation at pH 7.900		
CO_3	0.01735 mmolal	
HCO_3	3.715	
CO_2	0.1023	
Total	3.834 from measured HCO_3	
Total Carbonate from Titration Alkalinity		
No Measurement for Alkalinity		
Titration Alkalinity from Total Carbonate		
	187.6 mg/kg $CaCO_3$	
Mineral Saturation		
Calcite	0.8466	Supersaturated
Aragonite	0.6823	Supersaturated
Partial Pressure of CO_2		
	0.002788 atm	

▼ Irrigation Waters

Salinity Hazard	Medium
Sodium Adsorption Ratio	356×10^{-3}
Exchangeable Sodium Ratio	0.108
Magnesium Hazard	27.1
Residual Sodium Carbonate	0.0 meq/L

Muestra A-2:

Sin título - RockWare Aq-QA

File Edit View Samples Analytes Graphs Help

Sample Muestra A-2

▼ Fluid Properties

Water Type	Na-HCO_3		
Dissolved Solids	769 mg/kg	767.16 mg/L	Measured
Density	0.99761 g/cm^3		Calculated
Conductivity	1217 μmho/cm		Measured
Hardness (as $CaCO_3$)			
Total	13.405 mg/kg	13.373 mg/L	Calculated
Carbonate	13.405	13.373	
Non-Carbonate	0.0	0.0	

▾ Internal Consistency

Primary Tests		
Anion-Cation Balance		
Anions	9.73	
Cations	10.5	
% Difference	3.637	Not within ± 2%
Measured TDS = Calculated TDS		
Measured	769.000	
Calculated	759.700	
Ratio	1.012	OK
Measured EC = Calculated EC		
Measured	1217.000	
Calculated	866.032	
Ratio	1.405	Not within range 0.9 to 1.1
Secondary Tests		
Measured EC and Ion Sums:		
Anions	0.799303	Not within preferred range (0.9-1.1)
Cations	0.859647	Not within preferred range (0.9-1.1)
Calculated TDS to EC ratio	0.624	OK
Measured TDS to EC ratio	0.632	OK
Organic Mass Balance		
DOC ≥ Sum of Organics		
DOC unavailable		

▾ Carbonate Equilibria

Speciation at pH 8.700		
CO_3	0.1885 mmolal	
HCO_3	6.287	
CO_2	0.02729	
Total	6.503 from measured HCO_3	
Total Carbonate from Titration Alkalinity		
No Measurement for Alkalinity		
Titration Alkalinity from Total Carbonate		
	333.3 mg/kg $CaCO_3$	
Mineral Saturation		
Calcite	0.3412	Supersaturated
Aragonite	0.1768	Supersaturated
Partial Pressure of CO_2		
	743.7×10^{-6} atm	

▾ Irrigation Waters

Salinity Hazard	High
Sodium Adsorption Ratio	27.6
Exchangeable Sodium Ratio	37.785
Magnesium Hazard	55.3
Residual Sodium Carbonate	6.38 meq/L

3.- Clicar no separador Novo Gráfico e aparece um menu de 11 diagramas hidrográficos diferentes numa pequena janela:

a) Série de enredo
b) Gráfico de séries cronológicas
c) Gráfico cruzado
d) Diagrama Ternário
e)Diagrama de Durov
f)Diagrama de Schoeller
g) Diagrama rígido
h) Diagrama de equilíbrio iónico
i) Gráfico de pizza e gráfico radial

Gráfico de séries e gráfico de séries temporais:

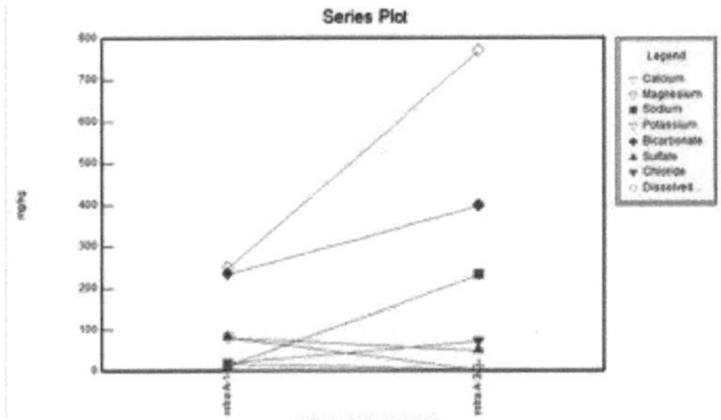

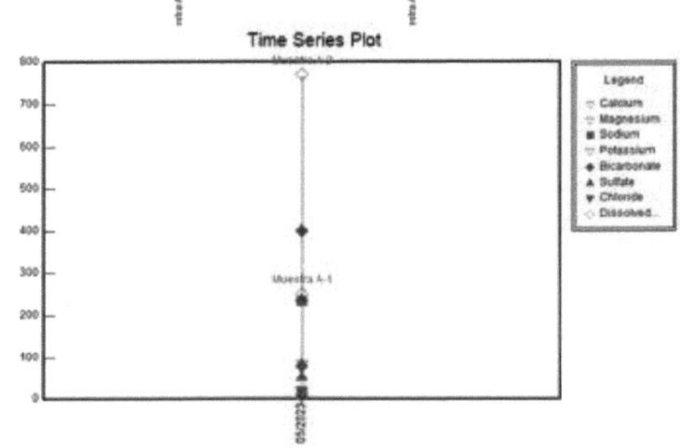

Diagrama ternário:

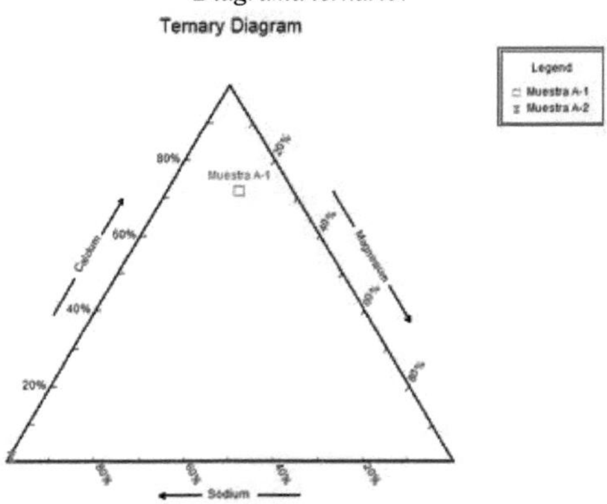

Diagrama de Piper:

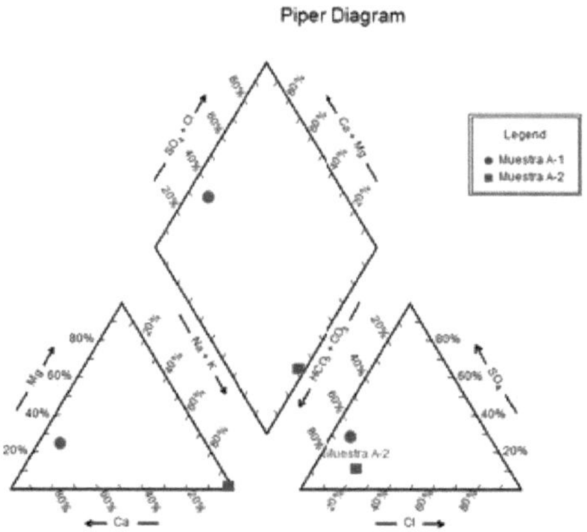

Diagrama de Durov:

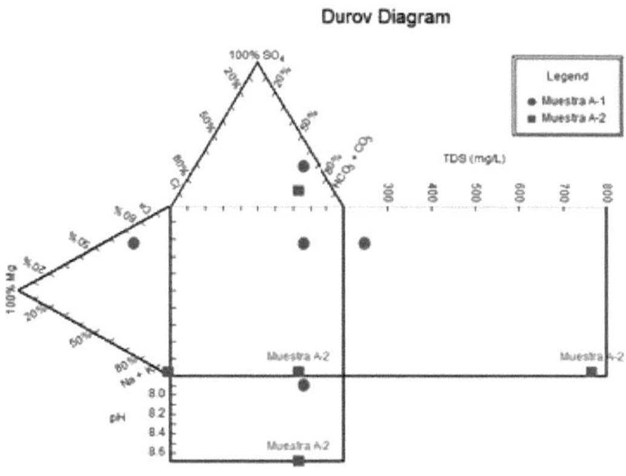

Diagrama Schoeller:

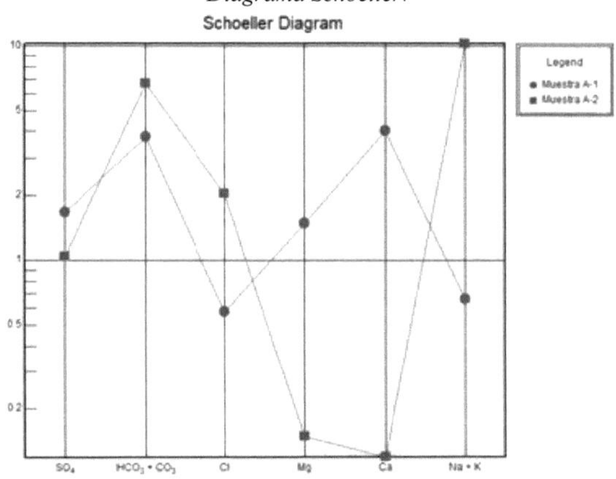

Diagrama rígido:

Stiff Diagram: Muestra A-1

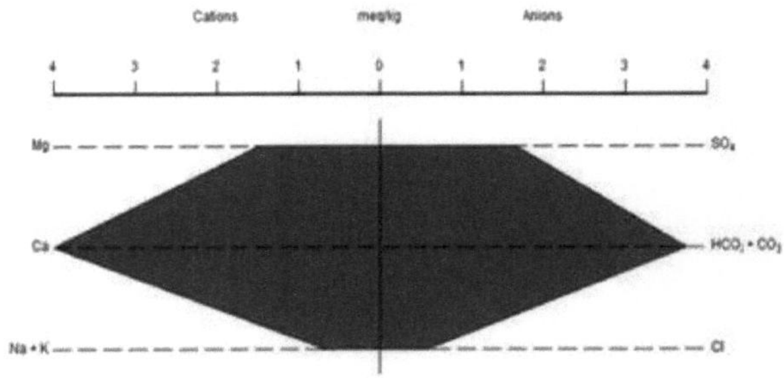

Stiff Diagram: Muestra A-2

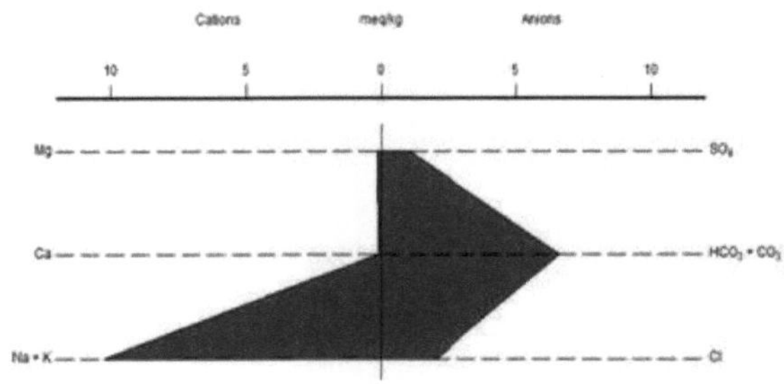

Diagrama de equilíbrio iónico:

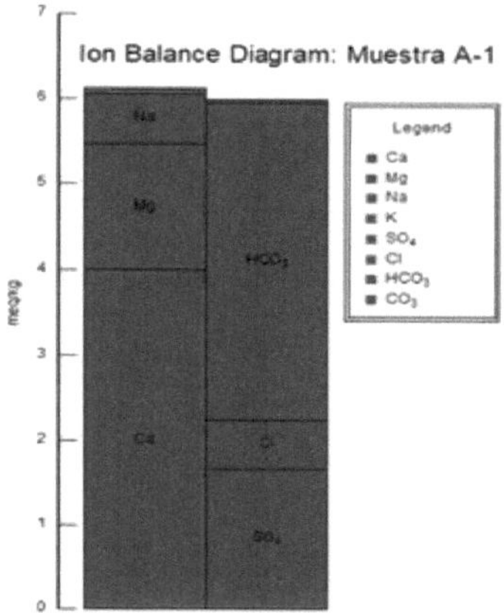

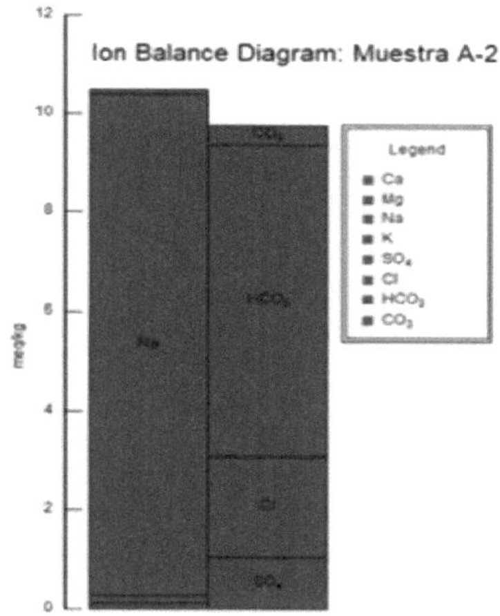

Gráfico de pizza:

:

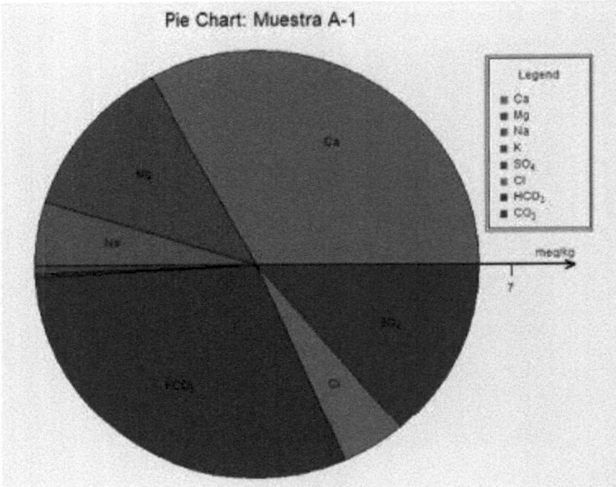

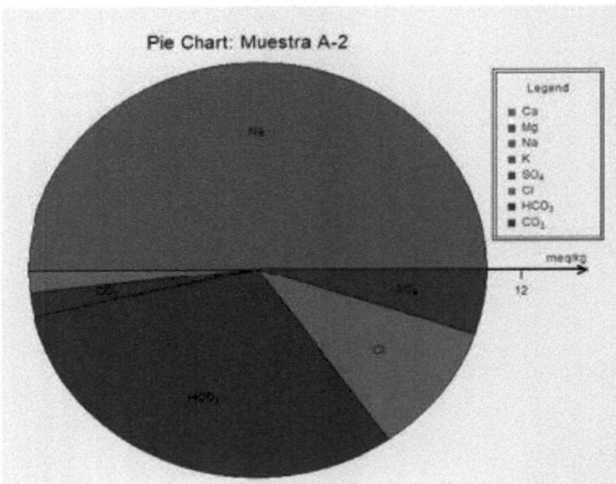

Traçado radial:

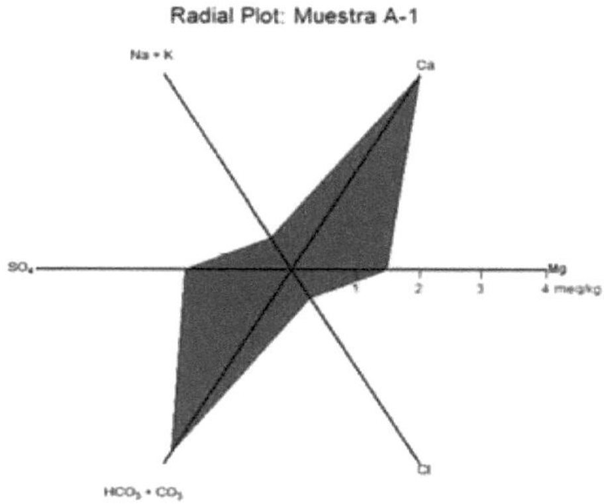

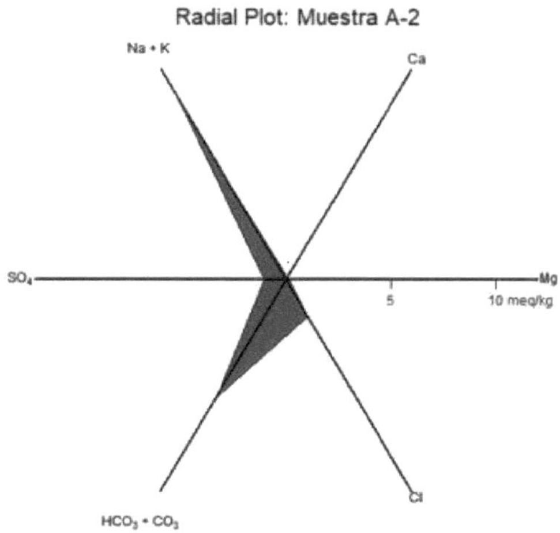

CAPÍTULO 12

Equipamento de microescala e de volumetria de base.

Trabalhar com a microescala.

Dada a crescente preocupação com o ambiente, a segurança e os elevados custos de funcionamento de um laboratório, é necessário reduzir a escala dos procedimentos experimentais. Durante muito tempo, os procedimentos laboratoriais foram efectuados utilizando quantidades de reagentes da ordem dos 5 a 50 g e volumes de solventes entre 25 e 500 ml, conhecidos como técnicas de macroescala. Atualmente, existe uma tendência para reduzir drasticamente as quantidades de substâncias a manipular, pelo que esta metodologia está a ser progressivamente deslocada para uma série de metodologias e etapas químicas menos consumidoras. No entanto, nos laboratórios de investigação, continuam a ser preparadas quantidades consideráveis de produtos quando surge a necessidade de material de partida, quer para o desenvolvimento de um projeto específico, quer para aumentar a escala para obter uma substância.

Atualmente, a maior parte dos procedimentos de análise química são efectuados à macro-escala. Esta metodologia permite o isolamento e a caraterização dos produtos utilizando equipamento laboratorial convencional e permite a obtenção de quantidades muito manejáveis de produtos. As principais caraterísticas destas técnicas são as seguintes:

- **Reagentes**: Utilizam-se geralmente quantidades de reagentes compreendidas entre 1 e 5 g. A esta escala, podem ser utilizadas balanças, por exemplo, com uma precisão de um décimo de grama e os erros cometidos não serão significativos.
- **Solventes**: Os volumes de solventes utilizados, tanto para as reacções como para os processos de extração, são geralmente de cerca de 25 ml. A quantidade de solvente não é normalmente crítica para o desempenho da experiência. Por exemplo, se forem necessários 20 ml de tereftalato de dietilo para uma reação, a reação será provavelmente realizada com o mesmo rendimento se forem utilizados 18 ml ou 25 ml. Para a medição de volumes, é suficiente uma proveta graduada de 25 ml ou uma pipeta de 10 ml, mas isto não significa que não seja necessário ser exato nas medições.
- **Material**: O material utilizado será o convencional. Apenas terá de ser adaptado ao volume de solvente ou à quantidade de reagentes utilizados em cada experiência específica.

O principal objetivo do trabalho em microescala é reduzir muito a escala laboratorial convencional:

- **Reagentes**: Os procedimentos que são efectuados para

A micro-pesagem é efectuada com quantidades do reagente principal compreendidas entre 0,005 e 0,5 g. A pesagem deve ser efectuada em balanças com pelo menos duas casas decimais, de preferência com três casas decimais. Note-se que, com estas quantidades, um desvio de 0,1 g num reagente representa um erro percentual muito significativo nas proporções adequadas dos reagentes utilizados.

- **Solventes**: As quantidades de solvente são geralmente inferiores a 100 microlitros e 5 mililitros. Devem ser utilizadas pipetas, micropipetas, doseadores ou seringas com a graduação e precisão adequadas a cada experiência.
- **Material**: O material utilizado na microescala requer uma adaptação às quantidades utilizadas, especialmente quando estas são inferiores a 100 mg. Este material pode ter várias configurações, desde um material semelhante ao material convencional, mas com uma dimensão adaptada às necessidades das quantidades e volumes utilizados nesta técnica, ou um material de conceção específica (*kits* de microescala).

As vantagens da utilização de técnicas de análise em microescala são muito evidentes, entre as mais relevantes podemos citar as seguintes:

- **Reduz os custos** de cada procedimento.
- **Permite** aumentar o número e o repertório de marchas experimentais com o mesmo orçamento.
- **Permite a realização de experiências** que implicam a utilização de **reagentes** mais **dispendiosos**.
- **Aumenta a segurança** no laboratório, reduzindo a exposição a substâncias potencialmente

tóxicas e o risco de explosão ou incêndio.

- **Reduz** significativamente

a **quantidade** de **reagentes** utilizados **e**, consequentemente, **os resíduos** produzidos.

- Normalmente, implica **menos tempo de** reação e de experimentação, pelo que se pode dedicar mais tempo à análise dos resultados.
- **Melhorar a utilização** dos **laboratórios**.
- Permite o **desenvolvimento** de **novas técnicas** de utilização do material de laboratório.
- Necessita de **menos espaço de armazenamento** para reagentes e materiais.
- **Promove** o princípio dos três

R: Reduzir, Reciclar, Recuperar.

- **Melhora a formação** do analista, uma vez que o obriga a ser mais cuidadoso em todas as fases do seu trabalho de estágio.

Atualmente, com o desenvolvimento de novos e modernos equipamentos de laboratório, o custo de uma análise da água também está a aumentar. Atualmente, uma análise completa da água custa entre $1500.00 e $9800.00. Do mesmo modo, o preço dos reagentes aumentou tanto (1 g de murexido custa cerca de 800 dólares) que efetuar uma análise da água exige atualmente um investimento considerável. Para o hidrólogo, o químico, o explorador, o espeleólogo, o ambientalista, o analista e qualquer pessoa interessada nas questões da água e do ambiente, esta situação faz com que sejam raros os casos em que se efectuam estudos de águas subterrâneas, traçados, gotejamentos, afloramentos e nascentes. A menos que estes estudos sejam financiados por grupos e instituições que disponham de infra-estruturas suficientes para financiar este tipo de análises.

O objetivo deste manual é fornecer ao analista uma série de técnicas, denominadas técnicas de microescala, para a análise química dos macrocomponentes das águas naturais. Implementa técnicas muito simples, reduzindo significativamente o uso de reagentes e, portanto, a geração de resíduos, reduzindo a exposição a substâncias nocivas e aumentando a segurança, reduzindo o espaço necessário para os testes e também podem ser realizados "in situ", são técnicas que reduzem o custo de materiais e reagentes (por exemplo, um litro de EDTA 0,01 M) pode ser usado para realizar mais de 1000 (mil) testes de dureza), encurtam o tempo de entrega dos resultados.

A metodologia aqui apresentada é implementada para fins de amostragem e análise em lagos, rios, córregos, nascentes, goteiras, cavernas. A utilização de técnicas em microescala permitiu-me levar o equipamento até ao fundo de algumas grutas para efetuar a análise no seu interior, bem como obter resultados rápidos de análise de água até à zona onde localizámos as nascentes mais remotas. Em suma, as técnicas de análise de água à microescala poupam tempo, dinheiro e esforço.

O equipamento volumétrico de base.

O **balão volumétrico** é um recipiente de fundo plano, em forma de pera, com um gargalo longo e fino (Fig. 12.1). Uma linha fina à volta do gargalo indica o volume contido no balão a uma temperatura normal de 20 °C.

Ao encher os recipientes de medição com fluido, devem ser tomadas as seguintes precauções:

1 Pegar no balão apenas pelo gargalo e apenas na parte superior do balão, na linha de descarga.

2 Encher o balão até à marca (risca), de modo a que o bordo inferior do menisco côncavo encontre a risca gravada no gargalo do balão.

3 Para verificar se o balão está corretamente cheio, os olhos do observador devem estar ao nível da marca. Os balões volumétricos são utilizados essencialmente para a preparação de soluções de concentração exacta. Nunca se deve conservar as soluções preparadas nestes frascos durante muito tempo, nem aquecê-las ou realizar reacções nos mesmos. Os frascos estão disponíveis com 1000, 500, 250 e 100 ml de capacidade.

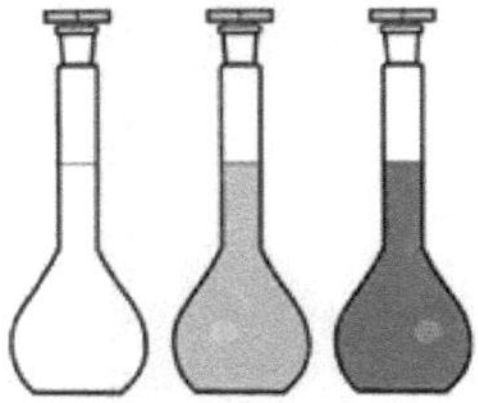

Fig. 12.1 Balões volumétricos, utilizados para a preparação de soluções tituladas.

Pipetas

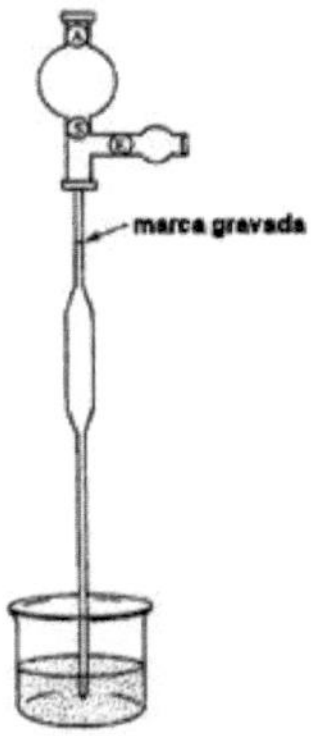

Para medir volumes mais pequenos, são utilizadas **pipetas**, que são tubos de vidro estreitos, esticados numa extremidade e com um alargamento no meio (Fig. 12.2). As pipetas com uma única marca (sinal de descarga) são utilizadas para a medição exacta do volume do líquido drenado. Se uma pipeta deste tipo for enchida exatamente até à marca e depois o líquido for vertido, o volume de líquido vertido será igual ao volume indicado na pipeta. As pipetas mais utilizadas são as de 10 ml e, para a microescala, utilizam-se pipetas de mais de 1 e 2 ml.

Fig. 12.2 Pipeta volumétrica de 3 mL, amplamente utilizada na amostragem de água em microescala.

Os volumes obtidos com pipetas são relativamente pequenos, pelo que os erros na medição do volume com a ajuda de pipetas podem atingir valores muito grandes e conduzir a resultados falsos. Ao medir o volume com uma pipeta, é necessário ter em conta o seguinte

1 Trabalhar apenas com uma pipeta absolutamente limpa.

2 Quando se aspira ar da pipeta com a boca, a extremidade inferior da pipeta deve estar sempre imersa no fluido.

3 Quando a pipeta estiver cheia acima do seu nível de enchimento, retire rapidamente o tubo da pipeta da boca e feche a abertura com o dedo indicador.

4 Segurando a pipeta coberta com o dedo, de modo a que a marca fique ao nível dos olhos, reduzir ligeiramente a pressão do dedo no orifício da pipeta e deixar o fluido verter lentamente, gota a gota, até que o seu nível desça até ao sinal de paragem. Em seguida, apertando o dedo, impedir que o fluido saia.

5 Quando todo o líquido tiver escorrido, retirar o dedo e tocar com a ponta da pipeta na superfície interna da parede do recipiente. As pipetas estão calibradas para escoamento, pelo que a gota de líquido remanescente retida por forças capilares não pode ser soprada ou espremida para fora da ponta da pipeta.

6 Observar toda a pipeta com muito cuidado e, se for encontrada uma única gota de solução não drenada no interior da pipeta, repetir todo o procedimento. Antes de guardar uma pipeta, esta deve ser

lavada com água e o seu orifício superior deve ser tapado com uma manga de papel.

7 É aconselhável utilizar um botão de sucção, como mostra a Fig. 12.3, para evitar possíveis acidentes ao lidar com reagentes perigosos.

Material suplementar

A prática da análise de água em microescala requer também determinado equipamento para a recolha e transferência de reagentes para diferentes fins. Por exemplo, pequenas espátulas, seringas, funis, pipetas Pasteur, pipetas de bário e frascos Erlenmeyer de 10 e 25 ml de capacidade (Fig. 12.3).

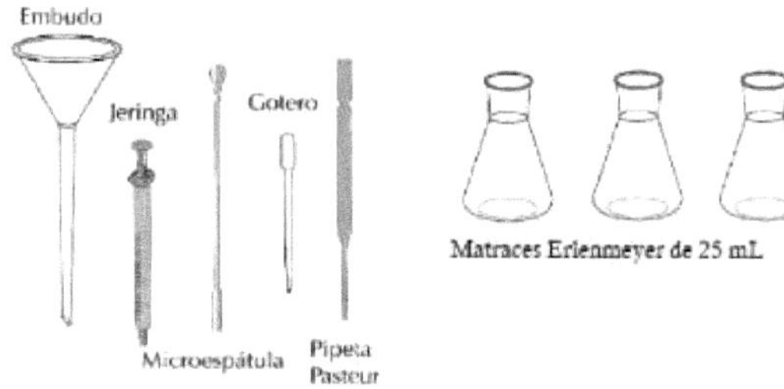

Fig. 12.3 Material suplementar para trabalhos laboratoriais com microscópios.

Microburetas.

Naturalmente, o equipamento de laboratório mais importante para a análise volumétrica é a bureta para as titulações finais. No caso da microescala, a microbureta é a parte essencial do trabalho analítico. Esta microbureta permite efetuar titulações utilizando até 3 mL de amostra e com um consumo de até 1 mL de soluções titulantes padrão. Trata-se de um pequeno dispositivo que substitui as buretas tradicionais de 25 e 50 ml. Para fabricar uma microbureta, são seguidos os seguintes passos:

- Normalmente são utilizadas pipetas graduadas em centésimos de mL (1/100), sendo a mais comum a pipeta de 2 mL, mas também podem ser utilizadas pipetas de 2, 5 e 10 mL. Neste manual, recomendamos a pipeta de 1 mL.

• Lubrificar um pedaço de tubo de borracha de 2 cm com um pouco de água e desenrolá-lo um pouco mais de metade da parte superior da pipeta.

• Colocar uma seringa descartável sem agulha na extremidade livre da mangueira de borracha, tocando na pipeta (recomenda-se uma seringa de 3 a 5 mL, de acordo com o volume da pipeta. Para uma pipeta de 1 mL, recomenda-se a seringa de 3 mL). Com esta seringa, ao puxar o êmbolo, o líquido sobe pela pipeta até à marca de volume ou até ao volume pretendido e, ao apertar cuidadosamente, obtém-se um gotejamento bem controlado.

• Colocar uma ponta dispensadora de plástico na extremidade inferior da pipeta, para que as gotas adicionadas sejam tão pequenas quanto possível e o volume possa ser registado em centésimos de mL (por exemplo, uma pipeta de 1 mL sem ponta produz cerca de 15 a 20 gotas e com a ponta produz cerca de 55 a 60 gotas).

A microbureta básica é apresentada na Fig. 12.4.

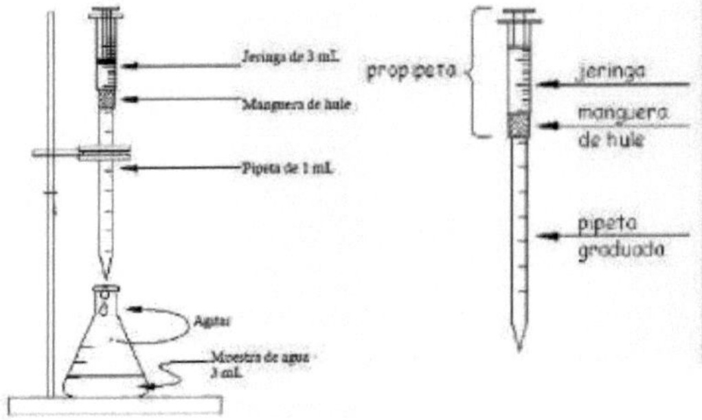

Fig. 12.4 Microbureta de 1 mL para microescala e montagem do aparelho de titulação para amostras de água natural de 3 mL.

Anexos

Tabela 1. Propriedades químicas das águas fluviais duras e moles.

Componentes	Águas calcárias	Águas ígneas
SDT	Muitos	Poucos
pH	7-9	6-8
Catiões	²Ca+ , Mg+²	Na+,K+, Mg+²
Aniões	HCO3' HCO3¹	¹HCO3' , HSIO3'¹
Sólidos em suspensão	nenhum	argilas

Tabela 2. Análise típica das águas subterrâneas.

Componentes	Concentração (mg/L)
pH	7.2
co2 grátis	
3Dureza total (CaCO)	303
Magnésio	1.2
Cálcio	
Sódio	6.2
Potássio	1.2
Sulfato	2.5
Cloreto	6.2

Extrato de NOM-127-SSA1-2017

JOSE ALONSO NOVELO BAEZA, Comisionado Federal para la Protección contra Riesgos Sanitarios y Presidente del Comite Consultivo Nacional de Normalización de Regulación y Fomento Sanitario, com fundamento no disposto nos artigos 39.o da Lei Orgânica da Administração Pública Federal; 4.o da Lei Federal de Procedimento Administrativo; 3.o , fração XIII, 13, alínea A, fração I, 17 bis, fracções II e III, 116, 118, fração II e 119, fração II da Lei Geral da Saúde; 38, fração II, 40, fração I, 43 e 47, fração I da Lei Federal de Metrologia e Normalização; 28 e 33 do Regulamento da Lei Federal de Metrologia e Normalização; 209 a 213, 214, secções I, II, III e V, 215 a 225 e 227 do Regulamento da Lei Geral da Saúde sobre o Controlo Sanitário de Actividades, Estabelecimentos, Produtos e Serviços; bem como 3, secções I, alíneas n), o) e s), e II, 10, secção IV do Regulamento da Comissão Federal de Proteção contra os Riscos Sanitários; tive a honra de ordenar a publicação no Jornal Oficial da Federação sobre a

**PROJECTO DE NORMA OFICIAL MEXICANA PRO-
NOM-127-SSA1-2017, ÁGUA PARA USO DOMÉSTICO E DOMÉSTICO
CONSUMO HUMANO. L^ LIMITES ADMISSÍVEIS
DE QUALIDADE DA ÁGUA**

Publica-se o presente projeto para que os interessados, no prazo de 60 dias de calendário a contar da data da sua publicação no Diario Oficial de la Federacion, apresentem as suas observações por escrito, em espanhol e com o apoio técnico correspondente, ao Comite Consultivo Nacional de Normalizacion de Regulacion y Fomento Sanitario, situado em Oklahoma No. 14, rés do chão, colonia Napoles, Alcana Benito Juarez, Codigo Postal 03810, Cidade do México, telefone 50805200, extensão 1333 , e-mail rfs@cofepris.gob.mx.

Durante o período acima referido e em conformidade com o disposto nos artigos 45° e 47°, fração I, da Lei Federal sobre Metrologia e Normalização, os documentos que serviram de base à elaboração do Projeto e da sua Análise de Impacto Regulamentar estarão disponíveis para consulta do público em geral na sede do referido Comité.

0. Introdução

O abastecimento de água para uso e consumo humano de qualidade adequada é essencial para prevenir e evitar a transmissão de doenças relacionadas com a água, pelo que é necessário estabelecer e manter actualizados os limites admissíveis em termos de caraterísticas físicas, químicas, microbiológicas e radioactivas, a fim de garantir e preservar a qualidade da água fornecida ao consumidor pelos sistemas públicos e privados de abastecimento de água.

Por estas razões, o Ministério da Saúde propõe a emissão desta Norma Oficial Mexicana, com o objetivo de estabelecer um controlo sanitário eficaz da água que é submetida a tratamentos de potabilização para a tornar adequada para uso e consumo humano, de acordo com as necessidades actuais.

1. Objetivo e campo de aplicação

1.1 Esta Norma estabelece os limites de qualidade admissíveis a que deve obedecer a água para uso e consumo humano.

1.2 Esta norma é de aplicação obrigatória no território nacional para as entidades responsáveis pelos sistemas públicos e privados de abastecimento de água.

1.3 Esta norma não se aplica a águas residuais tratadas.

3. Termos e definições

Para efeitos desta Norma, aplicam-se os seguintes termos e definições:

3.1 Água para uso e consumo humano: água que não provoca efeitos adversos na saúde e que não apresenta propriedades desagradáveis ou contaminantes em concentrações fora dos limites admissíveis e que não provém de águas residuais tratadas.

3.2 Entende-se por águas residuais as águas de composição diversa provenientes de descargas de instalações públicas, urbanas, domésticas, industriais, comerciais, de serviços, agrícolas, pecuárias, de tratamento e, em geral, de qualquer utilização, bem como a sua mistura.

3.3 Entende-se por águas de superfície as águas que correm à superfície do solo através de cursos de água, canais e rios, ou que se encontram armazenadas em lagos e reservatórios, naturais ou artificiais.

3.12 Entidade responsável, a entidade encarregada da exploração, manutenção e gestão do sistema de abastecimento de água, a fim de garantir e preservar a qualidade da água fornecida ao consumidor pelos sistemas públicos e privados de abastecimento de água, estabelecendo um controlo sanitário eficaz da água, submetendo-a a tratamentos de potabilização, a fim de a tornar e manter apta para uso e consumo humano.

3.13 Potabilização, o conjunto de operações e processos físicos, químicos e biológicos aplicados à água nos sistemas de abastecimento de água, com o objetivo de a tornar apta para utilização e consumo humano.

3.14 Sistema de abastecimento de água, o conjunto intercomunicado ou interligado de fontes, obras de captação, estações de tratamento de água, reservatórios de armazenamento e regulação, linhas de condução e distribuição, incluindo veículos-cisterna que fornecem água para uso e consumo humano, de propriedade pública ou privada.

5. Especificações sanitárias

A água para uso e consumo humano proveniente de sistemas de abastecimento de água deve cumprir as seguintes especificações:

5.1 A água dos sistemas de abastecimento de água não deve ser fornecida a partir de águas residuais tratadas.

5.2 F^sicas:

Quadro 1 - Especificações de saúde física

Parâmetros	Limite admissível	Unidades
Turbidez a	4.0	UNT
pH	6.5 a 8.5	Unidades de pH
Cor verdadeira	15	UC

a O limite admissível para a turvação será de 3,0 UNT a partir de 2019.

5.3 Produtos químicos:

Tabela 2 - Especificações de saúde química

Parâmetros	Limite admissível	Unidades
Cianetos totais	0.07	mg/L
Dureza total em $CaCO_3$	500.00	mg/L
Fluoretos como F a	1.50	mg/L
Azoto amoniacal	0.50	mg/L
Azoto nítrico (N-NO_3)	11.00	mg/L
Azoto nitrito (N-NO_2)	0.90	mg/L
Sólidos totais dissolvidos	1000.00	mg/L
Sulfatos (SO_4=)	400.00	mg/L
Substâncias activas do azul de metileno	0.50	mg/L

a O limite admissível para os fluoretos é de 1,50 mg/L para todas as localizações e deve ser ajustado de acordo com o quadro de conformidade progressiva Quadro 3 do

.4 Metais e metaloides:

Quadro 4 - Especificações sanitárias de metais e metaloides

Parâmetros	Limite admissível	Unidades
Alumínio	0.20	mg/L
Arsénio a	0.025	mg/L
Bário	1.3	mg/L
Cádmio [b]	0.005	mg/L
Cobre	2.00	mg/L
Crómio total	0.05	mg/L
Ferro	0.30	mg/L
Manganês	0.15	mg/L
Mercúrio	0.006	mg/L
Níquel	0.07	mg/L
Chumbo	0.01	mg/L
Selénio	0.04	mg/L

NOTA 1 Os limites admissíveis para os metais e metalóides referem-se à sua concentração total na água, que inclui os metais e metalóides em suspensão e dissolvidos.

[a] O limite admissível para o arsénio será de 0,025 mg/L para todas as localizações e será ajustado de acordo com a tabela de conformidade progressiva do Quadro 5 da presente secção 5.4.

[b] O limite admissível para o cádmio será de 0,005 mg/L para todas as localizações e será ajustado de acordo com o quadro de conformidade de integração progressiva do quadro 5 da presente secção 5.4.

Preparação das soluções padrão utilizadas neste manual.

Solução de $AgNO_3$ 0,01M. Pesa-se cerca de 2 g de nitrato de prata e leva-se à estufa onde se deixa durante uma hora a 110°C. Após este tempo, deixa-se arrefecer num exsicador. Para a solução 0,01 M, pesam-se exatamente 1,699 g de $AgNO_3$ e dissolvem-se com água, de preferência bidestilada, até perfazer 1 L. Dado que a ação da luz afecta o nitrato de prata, é aconselhável conservar a solução em frascos de vidro âmbar ou, em alternativa, em frascos de vidro transparente forrados com papel escuro.

Solução de EDTA 0,01 M. Secar uma amostra de 5 g do di-hidrato purificado ($Na_2H_2Y.2H_2O$, peso da fórmula = 372,2) a 80°C para remover a humidade superficial. Deixar arrefecer num exsicador, pesar 3,722 g e dissolver a 1 L com água destilada até à saturação.

Solução de H_2SO_4 0,02 N. Uma solução 0,1 N deste ácido contém 0,4906 g de H_2SO_4 por L. Colocam-se 25 mL de uma solução 0,02 N num balão e:

$$(50mL)(0,1N) = (0,02W)(x)$$

125 ml , diluídos para um volume de 125 mL

Bibliografia consultada

[a]Ayres H. G. *Quantitative Chemical Analysis,* HARLA, 2 edição, 1970.
Brumblay Ray U., *Análise Cuantitativa*, CECSA, 1969.
Crites R., Tchobanoglous G., *Wastewater Treatment in Small Populations*, McGrawHill, 2000.
Custodio E., Llamas M.R., *Hidrologia Subterranea*, Editorial Omega, 1996.
Day, JR. [a]R.A., Underwood A.L. *Quimica Analitica Cuantitativa*, 5. Edicion, Prentice-Hall, Hispanoamerica, S.A. 1986.
De Heredia Alonso J.B.,Torregrossa A.J., Gonzalez M.T., Dominguez Vargas J.R., *Analisis Quimica de Aguas Residuales.* Abecedario. Universidade da Extremadura, 2004.
Fagundo Castillo J.R., *Hidroquimica del Karst*, Ediciones Osuna- Cuba, 1996.
Gavino de la Torre G, Juarez L.C., Figueroa T. H.H., *Tecnicas Biologicas de Laboratorio y Campo*, LIMUSA, 1999.
Geissler Gunther, Arroyo Maribel, *El Agua como un recurso natural renovable*, Ed. Trillas,2011.
Helwelg Otto J. *Recursos Hidraulicos*, LIMUSA, 1992.
Ibanez Cornejo J.G., Mainero Mancera R.M., Doria Serrano M.C., *Experimentos de Quimica en microescala para nivel medio superior*, Universidad Iberoamericana, 2009.
Jander Gerhart, *Análise Volumétrica*, UTEHA, 1961.
Jenkis David, *Quimica del Agua* (Manual de laboratorio), LIMUSA, 1983.
Juarez Clemente, R. Lemus C., *Manual de Qumica Aplicada,* Ed. ROREZ, 1966.
Kreshkov A., Yaroslavtsev A., *Curso de Química Analítica, Análise Quantitativa,* Mir Publishing House, 1985.
Ledesma Ledesma G. *Las Cavernas del Area de San Joaqum, Queretaro*, EXCAV/COBAQ/H. Ayuntamiento de San Joaqum, 2022.
Lopez A.P. *Abastecimiento de Agua Potable*, Alfaomega, IPN, 2002.
Lopez Cancio J.A., *Problemas de Qumica*, Prentice Hall, 2006.
Maskew F.G., Charles G.J., Alexander O.D., *Ingenieria Sanitaria y de Aguas Residuales*, Ediciones Ciencia y Tecnica S.A., Volume 1 e 3, 1987.
Mere Alcocer F.J. *Tratamiento y control de la contaminación de las aguas urbanas*, CPPEQ, 2003.
NOM-A-A-73-1981, para os cloretos.
NMX-AA-036-SCFI-2001, para a alcalinidade.
NMX-AA-074-SCFI-2014 , para a determinação de sulfatos.
NOM-AA-72-1981, para a determinação da dureza.
Romero Rojas J.A., *Calidad del Agua*, alfaomega, 2000.
Orozco D. F. *Análise Qumico Cuantitativo*, Editorial Porrua, 1977.
Smog Douglas A, West Donald M., *Introduction a la Qumica Analitica,* editorial reverte, s.a.1986.
Symons James M. *Mas claro, ni el agua*, CEA-Queretaro, 1997.
Vega de Kuyper J.C. *Qumica del Medio Ambiente*, Alfaomega, segunda edição, 2007.
Vogel Arthur I. *Química Quantitativa de Anestésicos. Volume I.*
Editora KAPELUSZ. 1960.

MIX
Papier aus verantwortungsvollen Quellen
Paper from responsible sources
FSC® C105338

Printed by Books on Demand GmbH, Norderstedt / Germany